BERND KREWER

Leben für Wald und Wild

EDITION WALTER SCHWARTZ

NEUMANN-NEUDAMM

Bildnachweis: Soweit nicht anders belegt, stammen die Abbildungen aus dem Archiv des Verfassers.

© 2009 EDITION WALTER SCHWARTZ
Verlag J. Neumann-Neudamm KG, Melsungen
Printed in Germany
Titelgestaltung sowie Vor- und Nachsatz: HUBERT PROCHASKA, Ebene Reichenau, Kärnten – hubert.prochaska@gmx.at
Redaktion, Reproduktion, Layout, DTP: MEDIA SERVICE ROSEN
Druck und Verarbeitung: GUTENBERG RIEMANN GMBH, Kassel
ISBN: 978-3-7888-1248-5

Inhalt

Zum Geleit –
Bernd Krewers „Letztes"

Foto: UWE MAI

Als Bernd Krewer mir in einem Telefonat so beiläufig sagte: „Ich arbeite an einem neuen Buchprojekt", dachte ich an ein weiteres Fachbuch. An ein solches, wie wir es von dem Schalenwildexperten und unserem „Hundepapst" erwarten. – Es kam anders.

Das neue Buch heißt „Leben für Wald und Wild" – ein belletristisches Werk, dessen Titel wir ihm gerne glauben, fließt doch für Wald und Wild sein ganzes Herzblut.

Die meisten Jäger in Deutschland kennen den Namen Bernd Krewer. Würde man sie bitten, zu diesem Namen ein Bild zu zeichnen, käme dabei gewiss ein kerniger Hochwildjäger heraus, dem ein Hannoverscher Schweißhund am langen Riemen vorausgeht.

Bei Nachsuchen geht es nicht immer voraus. Gelegentlich müssen wir zurückgreifen. Dann fangen wir noch einmal von vorne an, gehen die Fährte erneut aus, entlang der Pirschzeichen, die wir unterwegs markiert haben.– Das hat der erfahrene Nachsuchenspezialist Krewer mit vorliegendem Buch auch getan. Aber diesmal ist es nicht die Fährte des Wildes, sondern seine eigene.

Er verhofft an Stationen, die er in seinem Gedächtnis markiert hat. Jetzt sind es keine Schweißtropfen, sondern Erlebnisse und Erfahrungen mit Menschen, mit Wild und mit Hunden. Ich kenne den Autor schon lange und – wie ich glaube – recht gut.

Sein neues Manuskript sagt mir: Die Abgeklärtheit der Jahre hat ihn einerseits milder werden lassen. Andererseits ist der Kämpfer für Wald und Wild aber stark und ungebeugt wie eh und je.

In dieser Rückschau sucht ein Jäger alter Schule sich selbst und seine Position in einer Zeit, die sich gewandelt hat. Eine Zeit, die sich treulos von den Werten der Generation Krewer trennt und sich blindlings dem neuen Götzen Geld in die Arme wirft.

Bernd Krewer gehört zu jenen, die nicht ablassen wollen von den Maximen waidgerechter Jagd und dem Anstand, den der Jäger den Tieren und sich selbst schuldet. So ist es nur folgerichtig, wenn ein denkender Kopf zu trennen sucht zwischen dem Unabwendbaren und dem Anderen, für das er weiterhin mit scharfer Feder kämpft.

Zwar jagte der Autor im nahen und fernen Ausland. Aber sein Herz schlägt zu Hause, für die Eifel, den Soonwald, Lützelsoon und die Moselhänge. Dort erfuhr er von kantigen Männern in alten Forsthäusern seine forstliche, jagdliche und persönliche Prägung. Ein Schatz, der einem jungen Forstmann lebenslange Richtschnur und Stütze, einem aufrechten Jäger in neuer Zeit aber auch zur Bürde werden kann.

Krewer beschreibt den Konflikt der grünen Generationen ehrlich und objektiv. Davon werden seine jüngeren Leser profitieren. Sie lernen zu hinterfragen und bekommen Alternativen aufgezeigt.

Viele Autoren schreiben zur Neige ihres Jägerlebens ein Buch über ihre jagdlichen Erlebnisse. Auch dieses Buch ist geprägt von Rückblick und Vergangenheit.

Krewers Rückblick listet aber nicht eigene – heimische und exotische – Abschussprotokolle zu einem Buch voller Trophäenstolz, sondern erinnert sich an Augenblicke der Emotionen. An Momente, die ein Jäger erlebt, dessen Sinne mehr erfassen als

Pulverdampf und Horrido. Wie könnten ihm sonst die wenigen Sekunden, als vor grandioser Bergkulisse ein Gänsegeier, von unsichtbarem Aufwind getragen, durch sein Blickfeld schwebte, über Jahrzehnte als bewegendes Erlebnis in Erinnerung geblieben sein.

In Krewers Zeilen liest man Dankbarkeit für Gehabtes. Zwischen einigen Zeilen spüren wir aber auch einen Hauch von Wehmut. Jenes Empfinden, das wie Abschied klingt.

Ich wünsche diesem Buch den Erfolg, den der Autor Krewer gewohnt ist. Ich hoffe aber nicht, dass es sein letztes Werk ist. Das wäre schade. Für seine Leser, für das Wild und für die waidgerechte Jagd in Deutschland.

Im Hornung 2009

SEEBEN ARJES

Foto: HINRICH EGGERS

Zur Einstimmung

Der legendäre und zu seiner Zeit weltberühmte Wagner-Tenor und (spätere) Filmschauspieler Leo Slezak brachte vor nahezu siebzig Jahren seine Lebenserinnerungen als Buch heraus unter dem Titel „Meine sämtlichen Werke". Am Ende dieses Buches schwor er hoch und heilig, nie wieder zur Feder greifen zu wollen.

Sein zweites Buch hieß dann folgerichtig „Der Wortbruch" – an dessen Ende stand wieder das Versprechen, nun sei aber mit dem Schreiben endgültig Schluss.

Wie hieß sein drittes Buch? – „Der Rückfall"!

Am Ende meines – zusammen mit Hans Reinert verfassten – letzten Buches aus dem Jahre 2006 „Der Hannoversche Schweißhund" sollte auch bei mir eigentlich Schluss sein. Die Recherchen zu diesem Rasseportrait – ich kannte das Hirschmann-Zuchtbuch gegen Ende fast auswendig – erforderten sehr viel Zeit. Meine Familie hatte sich den pensionierten Großvater eigentlich anders vorgestellt ...

Mein Verleger und Freund Walter Schwartz ermunterte mich nach einer gewissen Schamfrist, doch noch einmal ein belletristisches Buch zu schreiben. Er hatte es nicht schwer, mich zu überreden. Und diesen familiären „Wortbruch" halten Sie nun in Ihren Händen.

Es ist ein Buch der Erinnerungen, aber auch der Ausblicke in eine für die traditionelle Jagd mehr als düstere Zukunft. Ein amtierender rheinland-pfälzischer Forstdirektor hat an einem jagdlichen „Runden Tisch" vor einiger Zeit einmal das, was wir unter Jagdkultur verstehen, mit „Jagdfolklore" beschrieben ... Nichts gegen Folklore, aber hier war der negative Sinn unüberhörbar. Ist die traditionelle Jagd wirklich tot? – Ich kann und will es einfach nicht glauben und möchte mit meinen bescheidenen Möglichkeiten weiter für ihren Fortbestand kämpfen.

„Leben für Wald und Wild" – dieser Titel steht für mein Lebensmotto ebenso wie das vieler anderer traditioneller Jäger. Zu ihnen zählte ohne Frage mein schon lange verstorbener Schwiegervater, der Forstamtsrat Alfred Budenz. Seine Tagebuch-Aufzeichnungen sind ein Stück jagdlicher Zeitgeschichte, und ich habe sie auszugsweise mit in dieses Buch eingearbeitet. Sie beschreiben die Bemühungen um den Aufbau eines Rotwildreviers von der Nachkriegszeit bis in die sechziger Jahre des vorigen Jahrhunderts. Unter der Devise „Wald vor Wild" – statt Wald *und* Wild – hat man in kurzer Zeit all das kaputt geschossen, was über Jahrzehnte mit viel Engagement und Herzblut aufgebaut worden war.

Ich danke allen, die zur Verwirklichung dieses Buches beigetragen haben: meinem „Bruder im Geiste" Seeben Arjes für sein Geleitwort, Hubert Prochaska für das gelungene Titelbild und Vor- sowie Nachsatz, Bernward Rosen für die Redaktion und die Gestaltung des Buches, meinem lieben Freund Dr. Thomas Weritz und Frau Ursula Bäumker für die „Übersetzung" des Tagebuchs aus der Sütterlinschrift, dem Verleger Walter Schwartz, dem Verlag Neumann-Neudamm und der Firma JANA für den Druck, die Werbung und den Vertrieb.

Ich widme dieses Buch meinem verstorbenen Schwiegervater Alfred Budenz und meinen Enkelkindern Moritz, Jana und Julia als Hoffnungsträger für eine vielleicht doch noch positive Entwicklung in der Bewahrung und Respektierung der Lebensbedürfnisse unserer Wildtiere. – Dazu muss man nicht zwingend Jäger sein.

Kinderbeuern/Südeifel,
im Lenzing 2009

BERND KREWER

Auf Pirsch und Ansitz

Ein saarländischer Rehbock
und ein altkranker Rothirsch

Der Vorsitzende des Rotwildringes Saar, Dr. Hermann Kessler, hatte mich zu einem Vortrag über die Nachsuchenarbeit anlässlich seiner Hauptversammlung im April des Jahres 2008 eingeladen. Es mag schon verwundern, dass in diesem dicht besiedelten Saarland Rotwild noch in erstaunlich großer Zahl seine Fährten zieht.

Der Vortrag kam offensichtlich gut an, denn neben dem üblichen Vortragshonorar lud er mich danach auf einen Rehbock in sein schönes nord-saarländisches Revier ein.

Zu Beginn des Wonnemonats Mai machte ich mich auf den Weg nach Losheim. Hermann Kessler zeigte mir bei einer nachmittäglichen Rundfahrt sein Revier mit zahlreichen Äsungsflächen und Wildobstplantagen, die er mit viel Liebe und Sachverstand angelegt hatte. Abends wurde es dann ernst, und er brachte mich in die Nähe einer Wildwiese inmitten seines Reviers. Den dort am Waldesrand platzierten Hochsitz fand ich auch problemlos. Auf der Wiese standen bereits ein Jährlingsbock und ein Schmalreh. Es war nicht ganz einfach, die Hochsitzleiter lautlos zu erklimmen, seit Tagen hatte es nicht geregnet, und die noch rindenbedeckten Leitersprossen knisterten und knackten erheblich. Aber irgendwie schaffte ich es, ohne den Argwohn der beiden vor mir äsenden Rehe zu erregen.

Die nächsten anderthalb Stunden ereignete sich nichts. Rechts von mir zeterten allerdings die Amseln so intensiv und aufgeregt, dass ich mir sicher war, dass dort Wild herumtrat. Es war wenige Minuten vor neun, da zog ein Bock aus den Fichten auf die Wiese: noch eselsgrau und nur am Träger bereits ein wenig rot schimmernd. Das Gehörn etwas über lauscherhoch, anständig geperlt und nach vorne gut, nach hinten nur schwach vereckt. Nach vielleicht dreißig Gängen blieb er in der Wiese stehen und äugte zu den beiden vierzig Gänge weiter stehenden Artgenossen.

Inzwischen hatte ich meine Faserpelzjacke unter den Vorderschaft meines Steyer-Mannlicher geschoben, die Waffe entsichert und eingestochen. Ich war mit dem Absehen vier sauber auf dem Blatt und schickte die 30.06 Brennecke-TUG auf die kurze Reise zum Bock. Der fiel erwartungsgemäß einfach um – ohne zu schlegeln oder das Haupt noch zu bewegen. Er lag einfach absolut regungslos da.

Jährlingsbock und Schmalreh waren vom Knall keineswegs beeindruckt. Ja sie kamen nun beide langsam zum erlegten Bock gezogen. Das Böckchen hielt etwas Abstand, das Schmalreh jedoch zog bis an den offensichtlich verendeten Bock, bewindete ihn, machte ein paar Fluchten und schreckte. Der Schweißgeruch war ihm wohl doch sehr suspekt.

Es war viertel nach neun, und ich packte so langsam meine Sachen auf dem Hochsitz zusammen. Auch als ich den Erdboden erreicht hatte, standen die beiden Jungrehe immer noch auf der Wiese und ästen bereits wieder. Ich legte alles Hinderliche ab und ging – nur mit dem Nicker bewaffnet – auf die Wiese hinaus zum Bock, um ihn zu versorgen. Das hielten die beiden Stücke natürlich nicht aus, sie sprangen schreckend ab.

Ich war vielleicht noch drei Meter vom Bock entfernt, da sprang dieser auf, ging mit schnellen, wenn auch etwas kurzen Fluchten ab und verschwand im angrenzenden Wald. Ich war erschrocken, perplex und ratlos. Auf dem Anschuss und in der Fluchtfährte lag dunkler Schweiß. Ich „verbrach" alles mit blütenweißen und unbenutzten Papiertaschentüchern und marschierte gesenkten Hauptes zum vereinbarten Treffpunkt. Nach wenigen Minuten kam Hermann mit seinem Geländewagen angefahren; ich erstattete ausführlichen Bericht.

Wir fuhren zunächst zum Wohnhaus Kessler, wo wir uns mit zwei weiteren Jägern trafen, die ebenfalls an diesem Abend angesessen und natürlich meinen Schuss gehört hatten. Ich plädierte mit Inbrunst für eine Nachsuche am nächsten Morgen mit einem verlässlichen Hund, wurde aber überstimmt. Erst wollten wir mal „so" – ohne Hund, mit starker Taschenlampe – probieren, und wenn der Bock nicht auf den ersten fünfzig Gängen im Wald verendet liegen würde, ja dann würden wir einen Hundeführer für den nächsten Morgen zur Nachsuche bitten.

Ich hatte ein mehr als mulmiges Gefühl, als wir eine Stunde später den Anschuss im Schein unserer Taschenlampen untersuchten. Der jüngste unserer „Viererbande", mit den besten Augen, übernahm die Funktion des Leithundes und arbeitete die Wundfährte tatsächlich so, wie man es von afrikanischen Fährtensuchern manchmal in Büffeljagd-Schilderungen lesen kann. Er fand denn auch bald Leberstückchen und im weiteren Fährtenverlauf noch Pansen- und Gescheideinhalt. Knappe zwanzig Gänge im Wald lag mein Bock und war längst verendet. Ich war sehr erleichtert – hatte aber nicht einmal einen Hut oder eine Kappe auf dem Kopf, um den mir von Hermann Kessler mit einem ehrlichen und herzlichen Waidmannsheil überreichten Eichenbruch ordnungsgemäß unterzubringen.

Mein „Saarländer", der nicht verenden wollte

Meine Kugel saß deutlich zu weit hinten und hatte Gescheide, Pansen und Leber durchschlagen. Der Ausschuss war nur geringfügig größer als der Einschuss, das Geschoß hatte sich mangels Widerstand (auf einer Rippe) so gut wie nicht aufgepilzt oder zerlegt. Offenbar hatte sich der Bock in der Sekunde, als ich den gestochenen Ab-

14

zug antippte, wieder in Bewegung gesetzt – aber das war mir entgangen. Ich hatte erst am Vormittag zwei Probeschüsse abgegeben – und die saßen beide im Schwarzen. Es gab für diesen Weidwundschuss keine andere Erklärung.

Dr. Hermann Kessler und die Nachsuchenhelfer

Noch lange haben wir über dieses doch etwas sonderbare Verhalten des Rehbocks nach dem Schuss diskutiert. „Normal" wäre gewesen, dass er bei diesem Schuss mit krummem Rücken zunächst weggeflüchtet und dann ins Wundbett gegangen wäre. Dass er aber im Knall umfiel und sich mehr als eine Viertelstunde nicht rührte – um dann bei meiner Annäherung flüchtig abzugehen – so etwas hatte noch keiner von uns erlebt.

* * *

Im Spätherbst des gleichen Jahres erreichte mich eine Drückjagdeinladung in dieses schöne Revier Losheim am See. Ich wusste bereits im Vorfeld, dass auf dieser Bewegungsjagd wegen einer stark und schnell befahrenen Bundesstraße mitten durch dieses Revier keine Hunde eingesetzt werden könnten.

Lediglich zwei ortskundige Treiber/Durchgehschützen sollten – als „Pilzsucher" getarnt – das Wild beunruhigen.

Im ersten Treiben saß ich auf einem Hochsitz kaum dreißig Gänge neben und mit dem Rücken zu besagter Rennstrecke. Ein einzelnes, sehr starkes Alttier kam ruhig angezogen und verhoffte mehrfach. Obwohl kein jagender Hund das Kalb hätte absprengen können (weil eben keine unterwegs waren) und daher stark anzunehmen war, dass dieses Tier kein Kalb (mehr) führte, blieb der Finger gerade. Hermann Kessler wäre sicher nicht begeistert gewesen, wenn ich ihm dieses allenfalls mittelalte Stück auf die Strecke gelegt hätte. Ein ebenfalls recht starkes Stück Rehwild schob sich durch den hohen Farn – ich konnte nicht einmal das Geschlecht zuverlässig feststellen. Dann war die Zeit um.

Das zweite Treiben hatte kaum begonnen, da fielen rechts von mir und jenseits eines ziemlich durchsichtigen Fichtenbaumholzes zwei Kugelschüsse. Minuten später kam aus der Richtung der Schüsse Rotwild angewechselt, wie vormittags das einzelne Alttier auch sehr vertraut und immer wieder verhoffend. Alttier, Kalb und ein hoher Spießer zogen durch die Fichten auf einen Weg zu, an dem mein Hochsitz stand und der hinter der Stelle, wo vermutlich das Wild diesen kreuzen würde, einen guten und sicheren Kugelfang bot. Und dann sah ich dreißig Gänge hinter diesen drei Stücken einen Hirsch heranhumpeln. Der rechte Vorderlauf schlenkerte, das konnte ich deutlich sehen.

Mittlerweile hatte das Tier den Weg erreicht und verhoffte und sicherte lange. Ihm folgte dann das Kalb, das sich auch aufreizend lange breit und gegen den dahinter ansteigenden Weg präsentierte. Eine sicher Beute – wäre da nicht der Hirsch gewesen, von dem ich vermutete, dass ihm die beiden gehörten Schüsse gegolten hatten. Und hätte ich das Kalb erlegt, der Hirsch wäre mit hoher Sicherheit abgedreht. Also wartete ich auf den Hirsch und setzte ihm die Kugel auf den Trägeransatz, als er den Weg überqueren wollte. Er hat den Knall nicht mehr vernommen.

16

Nach Ende des Treibens kam Hermann Kessler zu mir und dem erlegten Hirsch, an dem ich auf ihn gewartet hatte. Sein „Waidmannsheil" war herzlich und sein Schlag auf meine Schulter etwas schmerzhaft. Der Hirsch hatte ein merkwürdiges Geweih: beiderseits Augsprossen, dann lange nichts und oben Gabeln. Mittelsprossen im klassischen Sinne hatte er keine. Oder waren beidseits die Mittelsprossen weit nach oben gerutscht? Wir konnten es nicht klären.

Es gab auch keine frische Schussverletzung an diesem Hirsch, der rechte Oberarm war infolge eines lange zurückliegenden (Auto-?) Unfalls völlig zertrümmert.

Wer das dicht besiedelte Saarland nur mit dem „Fernseh-Saarländer schlechthin" *Heinz Becker* oder gar mit *Oskar Lafontaine* assoziiert, der liegt ganz sicher falsch. Auch jagdlich hat dieses kleine Bundesland eine Menge zu bieten.

Hirsche in fremden Revieren

Bevor ich im Jahre 1973 mein „eigenes" Rotwildrevier übernehmen durfte, jagte ich bei Kollegen in deren Staatswaldrevieren. Ich denke gerne an diese Jahre zurück, wenn es auch manchmal schwierig war, die Wünsche und Befindlichkeiten meiner „Gastgeber" richtig einzuschätzen.

Ich hatte die Revierförsterprüfung des Landes Rheinland-Pfalz im Jahre 1965 mit einem zufrieden stellenden Ergebnis bestanden, und der Chef des Regierungsforstamtes Trier gab uns – den Prüfungsabsolventen aus dem Bereich seines Regierungsforstamtes – eine Woche Sonderurlaub. Vorher sollten wir uns aber noch bei den Forstamtsleitern melden, bei denen wir im vergangenen halben Jahr unsere so genannten Prüfungsbeschäftigungen abgeleistet hatten.

Das war in meinem Falle das Forstamt Morbach; dieses lag auf meiner Heimfahrtstrecke – wir wohnten damals noch bei meinen Schwiegereltern in Allenbach – und so klingelte ich bei meinem Ausbildungschef, Forstmeister Terwey. Ich hörte erst in seiner Wohnung und dann im Treppenhaus bereits Gläser klingen, und mit einer Flasche „Asbach Uralt" und zwei Cognacschwenkern in den Händen öffnete er die Haustür. Natürlich hatte auch er sich bereits über das Prüfungsergebnis informiert und war ganz offensichtlich mit meiner Gesamtnote zufrieden.

Beim dritten oder vierten Cognac eröffnete er mir, ich würde wohl noch eine Weile im Forstamt Morbach bleiben, und so gäbe er mir aus dem Forstamts-Kontingent einen Rehbock nach Wahl und einen IIb-Hirsch frei.

Man kann sich heute kaum noch vorstellen, was so etwas damals für einen frisch gebackenen „außerplanmäßigen" Revierförster bedeutete. Ohne dieses damalige Geschenk in der Rückschau überhöhen zu wollen – Terwey kannte mich gut und wusste, dass er mir mit den ihm zur Verfügung stehenden Möglichkeiten keine größere Freude hätte machen können.

Während meiner Ausbildungszeit im Forstamt Morbach war Terwey mir ein immer gerechter und sehr fürsorglicher Vorgesetzter. In späteren Jahren (ich machte meinen Dienst schon längst in anderen Forstämtern) war das Arbeiten mit und unter ihm wohl nicht mehr so unproblematisch wie zu meiner Zeit. Lag es an den Kollegen oder daran, dass Terwey älter und vielleicht etwas „grantiger" geworden war? Ich weiß es nicht. Ich jedenfalls denke gern an die schöne Zeit im Forstamt Morbach zurück und bin Terwey noch heute für sein immer loyales Verhalten – jedenfalls mir gegenüber – sehr dankbar.

Im Jahre 1958 hatte meine forstliche Ausbildung in diesem Forstamt Morbach begonnen. Mein erster forstlicher und jagdlicher Lehrherr war der Oberförster Schommer in Hinzerath, ein zwar strenger, aber gerechter und menschlich absolut integerer Chef. Während dieses Hinzerather Halbjahres wurde ich für eine kurze Zeit auf das Forstamtsbüro abgeordnet. Forstamtsleiter war damals der Schwiegervater von Terwey, Forstmeister Gassmann, ein honoriger Mann, Forstmeister alter Schule und passionierter Hirschvater, dem der Wald und seine Hirsche gleichermaßen am Herzen lagen.

Wir beide machten damals eine „geheime" Studie, was wohl das Rotwild beziehungsweise dessen Schälschäden das Forstamt tatsächlich kosteten:

Wir nahmen aus drei Jahren den gesamten Fichten-Einschlag des Staatswaldes als Basis und unterstellten, dass der gesamte Faulholzanteil eine Folge der Rotwild-Schälschäden am unteren Stammteil wäre. Wir rechneten diese faulen (und nur für einen Apfel und ein Ei verkäuflichen) Festmeter in gesundes Stammholz um, berücksichtigten dabei den Sprung des nunmehr gesunden Stammes in eine nächst höhere Stammklasse (und den dadurch höheren Erlös) und kamen zu dem Ergebnis, dass das Rotwild die (möglichen) Einnahmen des Forstamtes (Staatswald) aus dem Verkauf des Fichten-Stammholzes um nahezu 13 Prozent verminderte. Wir waren beide sehr erschrocken und beschlossen, unsere Erkenntnis in der Schublade beziehungsweise im Papierkorb verschwinden zu lassen ...

Den von Terwey mir sieben Jahre später frei gegebenen Rehbock erlegte ich beim ersten Ansitz am 16. Mai im Forstrevier Bischofsdrohn, hart an der Grenze zum anschließenden gemeinschaftlichen Jagdbezirk. Es war ein kurzstangiger, relativ dicker und gut geperlter Sechser, der lange Zeit mein bester Bock blieb. Allerdings bescherte mir die Erlegung dieses „Grenzbocks" ein paar Tage später noch eine schmerzhafte Prozedur.

Es war Pfingsten, und mich plagten so massive Zahnschmerzen, dass ich den zahnärztlichen Notdienst aufsuchen musste. Und dieser Zahnarzt im Notdienst war ausgerechnet der Pächter des an den Staatswald angrenzenden Gemeinschaftlichen Jagdbezirks Bischofsdrohn. Zwar war diese Grenze damals relativ wilddicht abgegattert, aber dieser Bock hatte doch wohl vor seinem Ableben ein Loch im Zaun gefunden und sich auf der „falschen" Seite der Grenze mehrfach gezeigt.

Ich hatte auf dem Folterstuhl des Zahnarztes Platz genommen und er bereits den Bohrer aktiviert – da fragte er ganz unvermittelt: „Stimmt es, dass Sie mir am 16. Mai meinen besten Bock weggeschossen haben?" Ich konnte nur noch röcheln – ein Leugnen wäre ja auch völlig sinnlos gewesen. Er hat mich ziemlich gequält – jedenfalls hatte ich nicht den Eindruck, dass er mich besonders geschont hätte. Rache gehört eben doch zu den ehrlichsten menschlichen Eigenschaften ...

Auf den Hirsch sollte ich ebenfalls im staatlichen Revier Bischofsdrohn mein Waidmannsheil versuchen. Ich fieberte dem August entgegen. In meinem Pirschbezirk um den „Steingerüttelkopf" kannte ich ein kleines Feisthirschrudel. Die Hirsche zogen allabendlich zur Äsung aus einer mehrere Hektar großen Fichtendickung in einen weiträumigen, uralten Buchenbestand auf dem Kamm des Idarwaldes. Bei meinen Beobachtungen hielt ich mich vor Aufgang der Jagdzeit sehr auf Distanz, ich wollte die Hirsche keinesfalls durch allzu intensives Beschatten stören und eventuell zu einem Einstandswechsel veranlassen. Daher wusste ich auch nur, dass es wohl alles mittelalte Hirsche waren, was sie tatsächlich aber auf ihren Häuptern trugen, das hatte ich noch nicht ergründen wollen.

In den Buchen stand ein Hochsitz, den man – sollte Wild in den weiträumigen Buchen stehen – kaum ungesehen und ohne zu stören würde verlassen können. Daher hatte ich ihn auch bisher gemieden. Am Abend des 16. August – die Jagdzeit auf den Hirsch begann damals an diesem Tag – saß ich mit gutem Wind erstmals auf dieser schon etwas altersschwachen und daher wackeligen Kanzel. Es war noch glockenhell, da hörte ich die Hirsche bereits in der Dickung scherzen. Und es war immer noch taghell, als der erste Hirsch sichernd am Dickungsrand stand und – als er das Haupt zum Äsen senkte – ihm das ganze Rudel folgte. Die ersten drei waren doppelseitige Kronenhirsche und daher natürlich tabu. Als vierter kam ein einseitiger Kronenhirsch, auf der einen Seite Achter, auf der anderen Kronenzehner. Einseitige Kronenhirsche mussten damals mindestens den sechsten Kopf haben, um nach IIb eingestuft zu werden. Mit dem „nur" fünften Kopf wäre ein solcher Hirsch ein „IIa" gewesen, und einen solchen wollte ich weder dem großzügigen Forstamtsleiter Terwey noch mir selbst antun. Ich schaute mir die Augen nach Altersmerkmalen aus dem Kopf und verglich

Noch ein guter Achter aus meiner Jugendzeit

die Merkmale dieses Hirsches mit den anderen. Einige Achter vom vierten und wohl auch fünften Kopf hatten sich neben den vermutlich etwas älteren Kronenhirschen zwischenzeitlich um mich herum versammelt. Schließlich war ich halbwegs sicher, dass dieser einseitige Kronenhirsch doch wohl den sechsten Kopf haben müsse.

Als er sich breit stellte, setzte ich ihm die Kugel hinter das Blatt. Er machte nur noch wenige krampfhafte Fluchten, dann brach er zusammen. Nach der obligatorischen Zigarette ging ich mit doch etwas zittrigen Knien zum Hirsch – in mir kämpften die Freude über den erlegten Hirsch und die Sorge, er könne vielleicht doch nicht alt genug sein, einen erbitterten Kampf. Das Abtasten der Zähne brachte keine Klarheit. Erst als mein Schwiegervater Alfred Budenz Tage später den Unterkiefer in Händen hielt und diesem klar den sechsten Kopf attestierte, fiel mir der berühmte Stein vom Herzen.

Ein Jahr danach und eine Hirschbrunft später. Ich war für ein forstliches Versuchsprojekt zur Deutschen Forschungsgemeinschaft beurlaubt, wurde aber noch als Angehöriger des Forstamtes Morbach geführt. Netterweise partizipierte ich dadurch auch an dem Forstamts-Abschusskontingent und bekam wiederum einen Hirsch der Klasse IIb frei. Diesmal sollte ich in der Revierförsterei Hinzerath, meinem ersten Lehrrevier, jagen. Dieses Revier betreute inzwischen der Oberförster Jochen Blessinger, neben meinem Schwiegervater Alfred Budenz der zweite Hirschvater des Trierer Hochwaldes beziehungsweise des Idarwaldes. Blessinger wies mir als Pirschbezirk die höchsten Regionen seines Reviers zu – nahe dem Idarkopf und auf gleicher Höhe und ebenso mit uralten Buchen bestockt wie der „Steingerüttelkopf" im Nachbarrevier Bischofsdrohn, wo ich im Jahr zuvor den ungeraden Zehner erlegt hatte.

Das richtige Ansprechen meines Hirsches aus Bischofsdrohn hatte mich sehr sicher gemacht – zu sicher, wie sich später herausstellte! Ich glaubte, nein, ich war davon überzeugt, ich könnte es jetzt ...

Mit dem VW-Käfer ging fast alles, auch die Hirschbergung

Die Feiste ging vorüber, ohne dass mir ein passender IIb-Hirsch begegnet wäre. Zu Beginn der Brunft saß ich wieder einmal in einem Schirm am Rande der Altbuchen, da kamen aus einer Senke Tier mit Kalb und ein Zehner angezogen, aus dessen Geweih ich nicht schlau wurde. Beide Stangen waren so unterschiedlich, dass – hätte man sie als Abwürfe nebeneinander gehalten – niemand auf den Gedanken gekommen wäre, sie könnten von einem Hirsch stammen. Links war er eindeutig ganz normaler Kronenzehner mit Aug- und Mittelsprosse und einer Dreierkrone. Rechts hatte er eine normale Augsprosse, darüber – scheinbar – eine Eissprosse (deutlich unter der Höhe der gegenüber liegenden Mittelsprosse), dann eine sehr kurze und nach unten gebogene Mittelsprosse und darüber eine Gabel. Ein einseitiger Kronenhirsch also – und mit denen kannte ich mich ja seit dem vorigen Jahr bestens aus! Und den sechsten Kopf sollte er schon haben, auch da war ich mir relativ schnell sicher.

Worauf also noch warten? Als der Hirsch breit zog, erreichte ihn meine Kugel. Er brach im Knall zusammen und war verendet. Diesmal keine Beruhigungszigarette, sondern im Laufschritt zum Hirsch. Ja, in der Altersschätzung mochte ich ja richtig gelegen haben, aber das Geweih? Das Ende, das ich als Eissprosse angesprochen hatte, war wohl doch eine nach unten verrutschte Mittelsprosse – jedenfalls hatte die Stange an der Rückseite den bekannten leichten Knick. Dann war das kurze, nach unten gebogene Ende eine Wolfssprosse. Da alle Enden oberhalb der Mittelsprosse zur Krone zählen, lag da ein doppelseitiger Kronenhirsch vor mir. Ich machte meine Canossa-Gänge zu Blessinger und Terwey und musste – so war es damals üblich – das Geweih sauber abgekocht und gebleicht beim Forstamt abliefern. Es wurde eingezogen. – Zwei Monate später und nur wenige Tage vor Weihnachten klingelte es an unserer Wohnungstür. Da stand mein Chef Terwey mit dem Geweih in der Hand und wünschte meiner Frau und mir ein gesegnetes Weihnachtsfest und überreichte mir den Hirsch als Weihnachtsgeschenk.

Zwei Jahre später. Ich hatte gerade das Revier Hausen im Forstamt Rhaunen übernommen und durfte in der Regiejagd des Reviers Hochscheid mitjagen. Hochscheid grenzt direkt an Hinzerath und gehörte damals zu den Spitzenrevieren des Idarwaldes. Ich partizipierte mit an zwei „Gruppen-IIb"-Hirschen mit einigen anderen Kollegen zusammen. Ich konnte mich in Hochscheid relativ frei bewegen, und jetzt half mir meine gute Revierkenntnis des Nachbarrevieres Hinzerath doch erheblich. Ich kannte da eine Dickung an der Hochscheid-Hinzerather-Grenze, die als Feisthirsch-Einstand sehr beliebt war.

Auf Hochscheider Seite fand ich bei einer vorsichtigen Vormittagspirsch jede Menge Hirschfährten und nagelfrische Schlag- und Fegestellen. Einen Hochsitz oder Schirm gab es in dem an diese Dickung angrenzenden Fichtenaltholz nicht, dafür aber genügend dicke Bäume, hinter die man sich auf dem Jagdstock ansetzen konnte. Und das machte ich auch am folgenden Abend. Schon früh klapperten Hirsche in der Dickung spielerisch mit ihren Geweihen, und noch bei gutem Licht kam das Rudel in das hohe Holz gezogen. Der zweite Hirsch war ein richtig guter, nicht sehr langer, aber dafür starkstangiger Eissproßenzehner. Ich fackelte nicht lange, nach einer kurzen Todesflucht brach der Hirsch wenige Meter vor mir zusammen.

24

Es gab später schon ein bisschen Ärger unter den Kollegen um diesen schnellen Erfolg, aber: „Nur Mitleid bekommt man geschenkt, Neid muss man sich immer schwer verdienen." Und dann kam auch noch heraus, dass ein prominenter Jäger im Nachbarrevier Hinzerath seit Tagen auf eben diesen Hirsch pirschte. Als ihm und Blessinger die Erlegung dieses Grenzhirsches durch mich bekannt wurde, hielt sich deren Begeisterung naturgemäß in engen Grenzen. Da ich aber davon nicht wusste, war auch meine demonstrative Reue nicht sehr ehrlich ...

Jahre zuvor machte ich als Hilfsförster Dienst in einem sehr schönen, aber durch die vielen wirklich extremen Steilhänge auch sehr schwierigen Revier im Kylltal. In dem kleinen, etwa 400 Hektar umfassenden und zu diesem Revier St. Thomas gehörenden Staatswald wurde dem Revierleiter Oberförster Lauer vom Forstamt in Bitburg ein IIb-Hirsch freigegeben, auf den allerdings auch noch der Büroleiter unseres Forstamtes jagen sollte. Lauer, mit dem ich sehr gut „konnte", gab seinen Hirsch an mich weiter. Er habe – so sagte er – in seinem früher betreuten Revier Brandscheid in der hohen Eifel so viele Hirsche geschossen, dass er diesen gerne an mich abtreten würde.

Wir beschlossen, diese „Abtretung" bis zum Erfolg für uns zu behalten – auch um den Büroleiter, zu dem wir beide ein eher distanziertes Verhältnis hatten, in der Sicherheit zu wiegen, der Hirsch sei de facto für ihn reserviert. Mit dem Forstamtsleiter wollte Lauer selbst sprechen und dessen Einverständnis einholen.

Rotwild war damals in St. Thomas „nur" Wechselwild, aber dennoch hatte ich bald herausgefunden, dass in einem weit entfernt liegenden Revierteil offenbar ein paar Feisthirsche ihren Sommereinstand genommen hatten. Die frischen Fährten und die Schlagstellen hatten sie verraten. Und da stand auch in Feldnähe in einer Buchendickung ein altersschwacher Hochsitz, auf dem ich ab 16. August meinen zweiten Wohnsitz nahm. Ich weiß nicht, wie oft ich dort gesessen habe, häufig hörte ich die Hirsche, aber auf der nur wenige Meter breiten Schneise zeigten sie sich nicht.

Es war schon September, als ich wieder einmal an einem Freitagabend die Leiter empor stieg – und da stand ein Hirsch scheibenbreit in der Schneise. So lautlos es irgend ging, setzte ich mich auf die schmale Bank und konnte den Hirsch jetzt durch mein Fernglas ansprechen: ein sicher mittelalter Hirsch, auf der rechten Seite Eissprossenachter, links Sechser mit dicken Stangen und guter Perlung. Ein Traum-IIb-Hirsch! Sehr aufgeregt und vom Hirschfieber gewaltig gebeutelt, machte ich meinen Drilling (Kugelkaliber 9,3 x 72 R!) klar und wurde auf den immer noch vertraut äsenden Hirsch auf knappe 80 Gänge über Kimme und Korn die Kugel los. Er ruckte zusammen und verschwand mit einer Flucht im Buchenstangenholz.

Zuerst die Beruhigungszigarette, dann ging es im Sturmschritt zum Anschuss, auf dem dunkler Leberschweiß lag. Nun wollte ich nichts riskieren und marschierte (ein Auto hatte ich damals noch nicht) zu Lauer, um ihm alles zu berichten. Wir entschlossen uns, einen Schweißhundführer anzurufen und um die Nachsuche auf diesen Hirsch zu bitten. Aus Schwirzheim in der hohen Eifel kam am nächsten Morgen der Revieroberjäger Siegfried Krell mit seinem berühmten Hannoverschen Schweißhund :I Bodo vom Hemelberg 1359 angereist. Auch Krell sprach den Schuss als „Rumpf-Mitte-tief" – Leber – an und legte Bodo am Anschuss zur Fährte. Zielstrebig fiel der erfahrene Rüde die Wundfährte an und führte uns in den Buchenstangen talwärts. Immer wieder hatten wir Schweißkontrolle. Plötzlich lief Krell etwas vor und schlang den Schweißriemen um eine etwas dickere Buche. Ich konnte mir keinen Reim darauf machen – da rief mir Krell zu, zwanzig Gänge vor ihm liege der Hirsch verendet – wenn aber der Hund vor uns am Hirsch sei, hätten wir beide keine Chance mehr, an den Hirsch zu kommen!

Bodo tobte denn auch wie ein Tiger, als wir unter Umgehung seines Aktionsradiusses den Hang weiter abwärts zum Hirsch rutschten. Es war ein goldrichtiger, mindestens fünfjähriger Abschusshirsch.

Hirscherlegungen waren damals in dieser Gegend selten. Ich lud Lauer und Krell zu einem kleinen – meinem Hilfsförstergehalt angemessenen – Tottrinken in das Dorfgasthaus ein. Das abgeschärfte Haupt meines Hirsches nahm ich mit in die Kneipe und stellte es – umrahmt von Fichtenbrüchen – auf einem separaten Tisch auf.

In Windeseile sprach sich dieses Ereignis herum, und in den folgenden Stunden kamen jede Menge Jäger aus der Umgebung, um sich den Hirsch anzusehen. Alle tranken sie ihre Bierchen auf mein Wohl und das des Hirsches, aber keiner zahlte beim Verlassen des Gasthauses. Die Liste der Getränke beim Wirt wurde immer länger, und ich hatte zunächst keine Ahnung, von was ich diese Zeche würde bezahlen können. Schließlich rief ich meine Mutter an, erklärte ihr die Situation und bat sie händeringend, nach St. Thomas zu kommen und Geld mitzubringen, damit ich meine Rechnung begleichen könnte, ich würde ihr den vorgestreckten Betrag in Raten wieder rückerstatten.

Eine Stunde später kam meine liebe Mutter und löste mich aus.

Ich bin am Ende dieses Kapitels und beim nochmaligen Durchlesen fast erschrocken, was für einen lockeren Zeigefinger ich damals in meinen jagdlichen Sturm- und Drangjahren hatte. Die Jagd war in meinem Leben – und in diesen Jahren ganz besonders – eine dominante und vieles andere unterdrückende Größe. Ich konnte ziemlich unbeschwert und ohne große Verantwortung (außer für mich selbst) jagen, und wenn ich dann die Chance bekam, auf einen Hirsch zu waidwerken, dann wollte ich ihn auch haben. Und damals konnte man eben noch weitgehend aus dem Vollen schöpfen.

Mit der relativen Abgeklärtheit des Alters sehe ich das heute alles sehr viel lockerer und entspannter, aber auch kritischer. Gelegentlich ertappe ich mich dabei, dass ich dazu neige, einen jungen Jäger, der in unseren Tagen ähnlich passioniert und erfolgreich jagt wie ich damals, als „Schießer" zu bezeichnen ...

Einstangenhirsch und Goldschakal

Auf den Brunfthirsch im ungarischen Làbod

Welcher passionierte Hirschjäger bekommt nicht feuchte Augen, wenn über Làbod gesprochen wird. Von dem legendären Lazlo Studinka aufgebaut und von seinen Nachfolgern in seinem Sinne weitergeführt, gehört Làbod fraglos seit vielen Jahren zu den europäischen Rotwild-Spitzenrevieren. Für mich sind es nicht nur die Làboder Hirsche, die mich in regelmäßigen Abständen die weite Reise nach Südungarn antreten lassen, sondern auch die Vorfreude auf gemeinsames Jagen mit meinem Freund und Schweißhundführer-Kollegen Stefan Böhm, dem langjährigen Jagddirektor dieses Ausnahme-Reviers.

So schnurrte mein mit allen notwendigen Jagdutensilien bepacktes Auto auch im Herbst 2006 wieder gen' Ungarn. Mit mir fuhr Hans-Josef Gielen, der nach früheren, eher negativen Erfahrungen mit zweifelhaften Jagdvermittlern diesmal sicher gehen wollte, dass er einen eventuell von ihm erlegten Hirsch auch tatsächlich würde mit nach Hause nehmen können.

Zwischenstopp in Pocking bei meinem Freund Dr. Jörg Mangold, in dessen Haus wir einen sehr schönen Abend verbrachten – bei langen Gesprächen über die Jagd und die Hirsche und unsere Arbeit für den „verblichenen" Fernsehsender Seasons.

In Làbod angekommen, blieb uns kaum Zeit, unsere Zimmer zu beziehen, denn wir wollten ja den Abendansitz in jedem Fall noch ausnutzen. Alleine dieser erste Ansitz wäre die weite Reise wert gewesen: zwei starke Hirsche und ein etwas geringerer (der bei uns manchem Jäger aber auch noch den Blutdruck in die Höhe gejagt hätte) – ein Brunftabend wie im Bilderbuch und wie er bei uns kaum noch irgendwo erlebbar ist. Und Stefan erzählte mir von einem Einstangenhirsch, der – seit zwei Jahren bekannt – in dieser Gegend herumgeisterte. Er habe ihn vor zwei Tagen unweit unseres Hochsitzes kurz gesehen – aber eindeutig wiedererkannt.

Abnormitäten reizen mich immer ganz besonders, und so war klar, wo wir die nächsten Abende verbringen würden. Leider war dieser Hochsitz morgens störungsfrei nicht erreichbar und so beschlossen wir, hier nur abends anzusitzen.

Der nächste Morgen sah uns in einem anderen Revierteil. András Nyúl, der zuständige Oberjäger, begleitete uns. Zwei Mittelhirsche stritten sich um das Kahlwild, und auch ein paar Stücke Damwild ästen auf der weiten Fläche vor uns, bis diese plötzlich sehr verunsichert und nervös fortflüchteten. Da sah auch ich den Goldschakal, der sehr intensiv die Damwildfährten untersuchte und mir – nach geflüstertem Kommando von Stefan – die Gelegenheit gab, meinen Stutzen klar zu machen. Als sich der Schakal breit stellte, bereitete meine 9,3 x 62 seinem Räuberleben ein rasches Ende.

Der Goldschakal ist ein bei der Làboder Jägerei sehr unbeliebter Zuwanderer aus dem Südosten. Damkälber – Rehkitze sowieso – gehören neben Kleinsäugern zu seinem Nahrungsspek-

Ein Goldschakal – unbeliebter Einwanderer aus dem Osten und ...

... da liegt er – unverhofftes Waidmannsheil

trum, auch 40 Lämmer einer großen Schafherde gingen allein
in diesem Jahr auf sein Konto. Ich habe mich sehr über diese
Zugabe gefreut.

Zwei Tage später – nach unbeschreiblich schönen Ansitzen in
diesem Hirschparadies – saßen Stefan und ich wieder auf unserem „Abend"-Hochsitz. Die Hirsche schrien bereits lebhaft
in den Remisen, die den riesigen Wildacker umgaben. Plötzlich stand auf knappe hundert Meter ein Hirsch am jenseitigen
Waldrand. Man brauchte kein Glas, um ihn sofort als „unseren"
Einstangenhirsch anzusprechen. Lange stand er spitz und gab

mir damit genug Gelegenheit, mich gehörig aufzuregen. Man hätte meinen Pulsschlag im Ohrläppchen fühlen können. Als er sich endlich breit stellte, hatte ich längst gestochen. Ich musste mich allerdings sehr nach rechts „verbiegen" und kam so ungewollt an den sehr fein stehenden Stecher. Der Schuss ging weit über den Hirsch, der nur aufwarf und sich zunächst offenbar nicht sonderlich gefährdet fühlte. In den Knall hinein repetiert, fasste das Absehen aber jetzt das Blatt des Hirsches, wenn auch zugegebenermaßen ein wenig zu weit vorne, und auf diesen Schuss hin zeichnete der „Einstangler" mit einer gewaltigen Hochflucht und stürmte den Waldrand entlang. Ein noch nachgesandter dritter Schuss traf ihn am Hinterlauf. Da verschwand unser Hirsch in den Hecken der Remise. Meine Nerven lagen blank.

Eine knappe Viertelstunde später waren wir am Anschuss, der trotz allem Mist, den ich bis dahin gebaut hatte, doch noch ganz verheißungsvoll aussah: guter Schweiß, nach wenigen Fluchten beidseits der Fährte und wie aus Kübeln gegossen. Dreißig Gänge weiter lag mein Hirsch. Gott, war ich erleichtert!

Mein Einstangen-Hirsch, rechts Stefan Böhm

Nach ehrlichem Waidmannsheil meines Freundes Stefan ließ dieser mich lange Zeit mit meinem Hirsch allein. Es war dies mein fünftes Stück Wild, das ich in Làbod erjagen durfte: einen Keiler, einen uralten, abnormen Rothirsch, einen Einstangen-Damschaufler, den Goldschakal und nun diesen Einstangen-Rothirsch. Bei allen Erlegungen saß beziehungsweise stand Stefan Böhm neben mir! Nie habe ich in Làbod mit einem anderen Führer gejagt.

Am gleichen Abend wurde auch mein Mitjäger Hans-Josef auf einen älteren ungeraden Zwölfer fertig, den er – anders als ich – mit einem sauberen ersten Schuss streckte.

Hans-Josef Gielens Hirsch

Stefan organisierte für mich noch eine beeindruckende Vorstellung aller Hannoverscher Schweißhunde, die in Làbod stehen und dort dafür sorgen, dass ordnungsgemäß nachgesucht wird. Zu den Schweißhundführern gehören neben Stefan Böhm selbst auch der Referatsleiter „Jagd" der SEFAG Dr. Josef Buzgo (Ersterer Zuchtwart, Letzterer Präsident des Ungarischen Schweißhundvereins). Josef Buzgo ließ es sich nicht nehmen, mit dabei zu sein und uns zu unseren Hirschen ein ehrliches Waidmannsheil zu sagen. Auch der in der Làboder Nachbarschaft auf einen Hirsch jagende Präsident des LJV Rheinland-Pfalz, Kurt-Alexander Michael, war an diesem Tag zu uns gestoßen; er war sowohl von unseren Hirschen als auch von der Schweißhundschau sehr beeindruckt.

**Làboder Schweißhundführer –
Dr. Josef Buzsgo (links) und Stefan Böhm mit ihren Hannoveranern**

Làbod hatte – wieder einmal – alle unsere Erwartungen erfüllt. Es ist ein Hirschparadies und ermöglicht Erlebnisse, wie sie in Deutschland vielleicht nur noch auf einigen großen Truppenübungsplätzen und bei einigen wenigen Privatverwaltungen möglich sind. Hoffentlich bleibt es in Làbod noch lange so!

Das erste Kaninchen

Ich weiß, den ersten Rehbock, den ersten Hasen und erst recht den ersten Hirsch muss nahezu jeder Leser eines Jagdbuches über sich ergehen lassen – es sei denn, er blättert gleich zum nächsten Kapitel um. Mit meinem ersten Kaninchen hat es aber seine besondere Bewandtnis, und so möchte ich dem Leser diese kleine Geschichte doch zumuten.

Es war vor weit über vierzig Jahren. Ich betreute damals das aus Kommunal- und Staatswald zusammen gestückelte Forstrevier Hausen (Forstamt Rhaunen) im Bereich des Lützelsoon – „kleiner Soon" –, einem Gebirgsstock zwischen dem östlichen Teil des Idarwaldes und dem westlichen Teil des Soonwaldes. Mein Staatswald war leider verpachtet – aber als Ausgleich durfte ich bei meinen beiden Forstamtskollegen Ferdinand Dröschel und Karl-Friedrich Jacob, deren Staatswaldreviere in Eigenregie verblieben waren, mitjagen. Natürlich beteiligte ich mich auch nach Kräften bei der Führung von Jagdgästen und den sonstigen im Regiejagdbetrieb anfallenden Arbeiten und Aufgaben.

Der Leiter unseres Forstamtes, Landforstmeister Sachse, war ein in allen dienstlichen Dingen sehr gestrenger, ausgesprochen „preußischer" Chef. Er war zudem ein sehr passionierter Jäger und – im Gegensatz zu seinem dienstlichen Stil – im privaten Bereich ein ausgesprochen liebenswürdiger Zeitgenosse. Das lag sicher auch an seiner Frau, die viele dienstliche Querelen zwischen ihrem Mann und seinen Mitarbeitern mit ihrer sehr humorvollen und netten Art wieder ausbügelte.

Dennoch begann unsere gemeinsame Dienstzeit im Forstamt Rhaunen nicht sehr harmonisch. Ich hatte mich gerade von einer einjährigen Beurlaubung zur Deutschen Forschungsgemeinschaft in den aktiven Forstdienst zurückgemeldet, da beschloss man höheren Orts, mir die Leitung des Büros des Forstamtes Rhaunen zu übertragen. Ich war begeistert – das war genau das, was ich mir als Berufsziel vorgestellt hatte … Ich hatte damals – wir schrieben das Jahr 1967 – zwei Hannoversche Schweißhunde: den Hauptprüfungssieger :I Fürst-Marthenberg 1433, und im Herbst 1967 kam als Welpe die hirschrote „Birke vom Buchenfürst 1487 aus dem Reinhardswald zu uns in den Lützelsoon. Nicht nur für diese beiden war der Bürodienst also eine mittlere Katastrophe.

Ich kannte meinen Chef Sachse noch nicht und er mich logischerweise auch nicht. Die beiden im Zimmer des Büroleiters liegenden Schweißhunde waren ihm aber sehr suspekt, und so verfügte er etwas „sehr von oben herab", dass er mich keinesfalls für etwaige Nachsuchen außerhalb der staatlichen Regiejagd während der normalen Dienstzeit freistellen würde. Unser dienstliches wie privates Verhältnis zueinander war danach miserabel – es beschränkte sich auf das Austauschen von Zettel-Informationen, wenn dies dienstlich unumgänglich war.

Ich war wild entschlossen, mich auf jede ausgeschriebene Revierleiterstelle zu bewerben, nur um aus diesem verhassten Büro herauszukommen. Auch ein noch so „beschissenes" Gemeindewaldrevier schien mir besser und interessanter zu sein als die Akten auf dem Forstamtsbüro.

Es war in der Hirschbrunft, und Sachse war morgens und abends hinter einem jagdbaren – damals hießen diese noch Ia-Hirsch – her. Das wusste ich, und so mied ich die Regiejagdreviere unseres Forstamtes, um ihm nicht begegnen zu müssen. Lieber fuhr ich abends die dreißig Kilometer ins Nachbarforstamt Kempfeld in das Revier meines Schwiegervaters, um überhaupt noch ein wenig Hirschbrunft, wenn auch nur platonisch, zu erleben.

Ich saß mit meiner Familie am Abendbrottisch, als das da Telefon läutete. Ich meldete mich – da kam aus der Muschel mit etwas gepresster Stimme: „Sachse". Hätte mich der Papst oder Adenauer angerufen, ich wäre nicht weniger erstaunt und erschrocken gewesen. Und dann erzählte er mir, er habe an diesem Abend auf „seinen" Ia-Hirsch geschossen und ihm wahrscheinlich einen hohen Vorderlaufschuss angetragen. Ob ich so nett wäre, diesen Hirsch am Folgetag – und natürlich während der Dienstzeit (!) – nachzusuchen. Ich sagte selbstverständlich zu, und so trafen wir uns am nächsten Morgen in der Nähe des Anschusses. Mit langer und schwieriger Riemenarbeit und weiter Hetze hatten mein Schweißhund und ich nach drei Stunden den Hirsch zur Strecke.

Sachse war der Erste, der nach dem von mir geblasenen Signal „Hirsch tot" angelaufen kam. Mein Schweißhund wollte ihm an die Wäsche, als er „seinem" Hirsch zu nahe kam, und ich musste ihn zuerst einmal mit dem Schweißriemen an einen Baum binden, ehe ich Sachse den Bruch überreichen konnte. Und dann hatten wir ein langes und ausgiebiges Gespräch! Wir einigten uns, dass ich künftig auch während der Dienstzeit zu Nachsuchen – auch in private Reviere – fahren konnte, wenn es die Bürosituation erlaubte. Ich versprach ihm im Gegenzug, dass dadurch nichts im Bürobetrieb „anbrennen" oder liegen bleiben würde!

Ab diesem Tag wurden wir richtige Freunde, und diese Freundschaft hielt weit über seine Pensionierung hinaus bis zu seinem Tode. Da er mit seinem Nachfolger im Amte „nicht konnte" – ich übrigens auch nicht – jagte er nach seinem 65. Geburtstag gelegentlich bei mir in meinem späteren Revier Alf.

Nach einem Jahr war meine Bürozeit in Rhaunen dann doch glücklich zu Ende. Ich konnte mit allerhöchster Billigung mit einem Kollegen, der unbedingt in den Innendienst wollte, einfach den Platz tauschen.

Vor der Übernahme der Leitung des Forstamtes Rhaunen war Landforstmeister Werner Sachse auf der Forstdirektion Koblenz beschäftigt. Dort besuchte auch seine älteste Tochter die (damals obligatorische) Tanzstunde – und ihr Tanzpartner war ein Dr. Dieter Mannheim. Der war auch sehr passionierter Jäger, und so ergab sich gesprächsweise zwischen ihm und dem Vater seiner Tanzstunden-Partnerin, dass er zwar schon jede Menge Rehe, Hasen, Fasane und Kaninchen erlegt, aber noch nie auf Rotwild gejagt hatte.

Sie ahnen bereits, was darauf folgte: Sachse bat mich, in der Regiejagd des Reviers Hochscheid (nach Absprache mit dem dortigen Revierleiter) den Dr. Mannheim auf sein erstes Stück Rotwild zu führen. Das klappte auch recht schnell. An einem strahlend schönen Sommermorgen erlegte Dieter Mannheim ein Schmaltier.

Kurz danach ging meine Zeit im Lützelsoon zu Ende, mir wurde das Forstrevier Alf-Staat im Südeifel-Forstamt Wittlich-Ost übertragen. Auch die Verbindung zu Dieter Mannheim schlief langsam ein.

Nach 27 arbeitsreichen, aber trotzdem – oder gerade deswegen – sehr schönen Jahren in der Südeifel wurde ich pensioniert und hatte jetzt wieder Zeit, alte Bindungen und Verbindungen aufleben zu lassen.

Auf einem Landesjägertag des Landesjagdverbandes Rheinland-Pfalz traf ich Dieter Mannheim wieder, der inzwischen Vorsitzender der Kreisgruppe Mayen-Koblenz in eben diesem Landesjagdverband geworden war. Wir ließen im „Haus der Jagd" nahe der Luxemburger Grenze alte Erinnerungen wieder aufleben – und gedachten des schon lange verstorbenen Ehepaares Sachse, ohne das wir uns vermutlich niemals begegnet wären.

Man wird es kaum glauben, aber ich hatte zu diesem Zeitpunkt schon viele Rothirsche, natürlich auch Sauen, Damhirsche, Rehböcke, zwei Elche und drei Bären erlegt, aber noch nie ein Kaninchen geschossen. Das – so meinte Dieter Mannheim – sei fast ein Skandal müsse sich jetzt aber sehr schnell ändern.

An einem Februar-Sonntag fuhren mein Enkel Moritz und ich zu Dieter Mannheim in seine Eigenjagd nach Mühlheim-Kärlich – im Schatten des bekannten Atommeilers, der niemals auch nur eine einzige Kilowattstunde Strom erzeugt hat und jetzt vor dem Abriss steht. „Wir haben es ja …"

Im Burghof in Kärlich stieß dann noch Ludwig Caspers zu uns, den ich als Jagdgast in „unserem" Revier Bonsbeuern-Linnig schon lange kannte. Und da war noch Dieters Pudelpointer, der sowohl stöbern als auch bei der Bergung der (hoffentlich) vielen Kaninchen helfen sollte.

Es war schon ein interessantes Jagen in dem vom Bimsabbau geprägten Revier von Dieter Mannheim – und seine Kaninchen waren sehr schnell. Nachdem ich zwei „Turbo-Kaninchen" vorbeigeschossen hatte, klappte es beim dritten.

Der Pudelpointer, der die Sache natürlich bestens kannte und die kleinen grauen Flitzer immer nur wenige Meter laut anjagte, avisierte akustisch das dritte Kaninchen, und dieses schlug in einer an die Schwarzdornhecke angrenzenden Obstplantage bilderbuchmäßig das Rad. Zwei weitere folgten noch an diesem Tag. Ich staunte über mich selbst, dass ich mit der Flinte doch einigermaßen gut zurecht kam, nachdem ich sie sicher mehr als zwanzig Jahre nicht mehr in der Hand gehabt hatte – mangels Masse und Gelegenheit.

Es müssen wirklich nicht immer Hirsche oder Sauen sein, auch das Kaninchen-Jagen kann sehr viel Freude machen. Dank Dieter Mannheim ist jetzt auch diese Lücke in der Lebensstrecke der von mir bejagten Wildarten gefüllt.

Das erste Kaninchen –
von rechts: Ludwig Caspers, Dr. Dieter Mannheim, Bernd Krewer

Eine Hirschdublette der besonderen Art

Ich bin ein begeisterter „Rufjäger" und glaube, dass ich den Hirschruf auf der Tritonmuschel ganz gut beherrsche. Diese Muschel habe ich von meinem Schwiegervater geerbt, der wiederum hatte sie als Geschenk vom damaligen Bundestagspräsidenten Dr. Eugen Gerstenmaier für eine Hirsch-Nachsuche bekommen. Die Anzahl der Hirschgäste, die in den letzten fünfzehn Jahren meiner Dienstzeit mit meiner und der Hilfe dieser Muschel ihren Hirsch erlegen konnten, ist sicher deutlich größer als die Zahl der Jahre.

Hirschbrunft 2005: Die laute Brunft kam bei uns schleppend in Gang, und auch die „zehn heiligen Tage" brachten akustisch nicht das, was wir erhofft und erwartet hatten. Zwei gute Stimmen kannten und hörten wir auch täglich, aber bei der fast die ganze Hirschbrunft hindurch herrschenden Ostwindlage war es nicht möglich, an diese offenbar „besseren Herren" heran zu kommen. So saßen mein Freund und Jagdherr Bernd S. und ich an einem Abend Anfang Oktober am so genannten „Schneisenkreuz" in einem Erdschirm, sein Bruder Paul weniger als 500 Meter entfernt am so genannten Moor. Diese etwas „saftige" Kulturfläche – mit Roterlen bestockt – bot auf einigen zimmergroßen Fehlstellen noch genügend Einblick und Chancen, einen etwaigen „passenden" Hirsch anzusprechen und gegebenenfalls auch zu erlegen.

Es war schon eine Viertelstunde vor neunzehn Uhr, und es tat sich absolut nichts. Kein Schrei und erst recht kein Anblick. So holte ich meine Muschel heraus und knörte einmal faul und lustlos, so wie es ein Hirsch getan haben würde, der sich müde inmitten seines Harems nieder getan hat.

Nur wenige Sekunden später: Aus dem die obere Schneise nach links begrenzenden Douglasien-Stangenholz kam uns ein Hirsch „entgegen geflogen", malträtierte die teuer eingesäte Äsungsschneise, dass die Fetzen flogen, nässte und wälzte sich anschließend darin. Es dauerte daher ein wenig, bis wir uns klar waren, wer sich da vor uns in voller Aktion präsentierte: ein mittelalter, einseitiger Kronenhirsch, links Eissproßenzehner, rechts Zwölfer mit einer Dreierkrone. Auf was wollten wir da noch warten? Als der Hirsch sich breit stellte, knallte es auch schon, und nach deutlichem Quittieren der Kugel verschwand der Hirsch in den Douglasien. Wir hatten uns gerade die unvermeidliche Zigarette angesteckt, da knallte es bei Bruder Paul. Es waren seit „unserem" Schuss gerade mal 60 Sekunden vergangen.

Nun gibt es ja Handys, und so war schnell der Kontakt hergestellt. Was war geschehen? Paul hatte schon eine Weile einen kronenlosen Hirsch mit Tier und Kalb vor sich in den Erlen beobachten können, ohne dass das jeweilige Überqueren der kleinen Fehlstellen durch den Hirsch für einen verantwortbaren Schuss gereicht hätte. Und der hielt sein Alttier in ständiger Bewegung, offenbar war es hochbrunftig. Als es dann bei uns knallte, wurde es dem Alttier doch offenbar ein wenig ungemütlich, und es trollte mit seinem Kalb Richtung angrenzende Dickung. Vor dieser Buchendickung waren die Fehlstellen in den Erlen erheblich größer, und so konnte Paul seine Kugel dem seinem Kahlwild folgenden Eissproßenzehner sauber antragen. Nach einer kurzen Todesflucht brach er verendet zusammen.

Bernd und ich mussten noch eine Weile in den dämmrigen Douglasien suchen, bis ich dann fast über „unseren" verendeten ungeraden Zwölfer gestolpert wäre.

Ein kurzes Knören und als Ergebnis zwei gute IIb-Hirsche binnen 60 Sekunden, das erlebt man sicher nicht alle Tage.

Damhirschbrunft in Làbod

Oktober 2007. Die Damhirsche im ungarischen Làbod standen in der Brunft, und mein Enkel Moritz hatte Herbstferien. Stefan Böhm hatte für uns in einem Hotel Quartier gemacht, und so fuhren wir – Opa und Enkel – gen Südosten. Obligatorisch die Übernachtung in Ruhstorf an der Rott auf der Hälfte der Strecke und der damit verbundene, schon traditionelle „Klönabend" bei Dr. Jörg Mangold in Pocking.

Zeitig am Nachmittag des zweiten Reisetages kamen wir in Làbod an und erlebten gleich eine Überraschung. Unser gebuchtes Hotel hatte kurzfristig den Besitzer gewechselt und war geschlossen! Stefan hatte aber rasch umdisponiert und für uns ein Appartement im Thermalbad des nahe bei Làbod gelegenen Csokonyavisonta bei Görgeteg reserviert. Hier hatte Moritz die Möglichkeit zum Schwimmen in der Zeit, in der der Opa sein verdientes Mittagsschläfchen hielt.

Eigentlich hatte ich diesmal überhaupt keine ernsthaften jagdlichen Absichten, es sollte mehr eine Foto- und Filmsafari werden. Ich hatte nicht einmal ein Gewehr mitgenommen – „und führe uns nicht in Versuchung ..." Bisher war ich ja auch erst ein einziges Mal mit klarer „jagdtrophäenorientierter" Zielsetzung nach Làbod gefahren – in der Rothirschbrunft des Jahres 2006 – und hatte damals auch einen braven Einstangenhirsch erlegt. An anderer Stelle dieses Buches habe ich darüber berichtet. Einen uralten Rothirsch und einen abnormen Damschaufler hatte ich in früheren Jahren allerdings bei ähnlich unblutig geplanten Ungarnreisen doch geschossen – jeweils mit der Büchse meines Freundes Stefan Böhm.

Bei der am ersten Abend mehr als Orientierungsfahrt, denn als ernsthafte jagdliche oder „fototechnische" Unternehmung angelegten Autopirsch sahen wir sehr viel Damwild – auch etliche gute Schaufler. Ich hatte mir inzwischen vorgenommen, eventuell doch einen abnormen Damhirsch zu schießen, wenn sich eine Gelegenheit dazu bieten sollte. Wir pirschten im letzten Licht noch eine locker mit Birken bestockte Fläche an, von der wir schon von weitem die Schreie der Schaufler hatten hören können. Es präsentierten sich dort neben jeder Menge Kahlwild einige Damhirsche – auch zwei sehr starke waren darunter – aber eben kein „Abnormer". Und dann hatten wir dort noch ein unvergessliches Erlebnis: Ein Seeadler stieß mehrfach auf einen in der Fläche mausenden Fuchs, ohne ihn jedoch zu schlagen. Auch der Fuchs ließ sich nicht weiter durch diese Attacken stören. Stefan vermutete, dass der Adler wohl noch sehr jung und unerfahren sei und dass der Fuchs dies wohl auch „registriert" habe.

Nach Rückkehr in unser Quartier fielen wir ziemlich erschossen, aber voller Erwartungen in die nächsten Tage in unsere Betten.

In der noch dunklen Frühe des Folgetages trafen wir uns mit Stefan am Jagdhaus Nagysaller. Wir fuhren einen bekannten Brunftplatz an, auf dem Stefan einen starken Abnormen vermutete. Dieser Schaufler hatte auf der einen Seite eine brettdicke Vollschaufel, auf der anderen Seite aber eine mehr an eine Rothirschstange erinnernde, stark zerrissene Schaufel. Und es war ein alter Schaufler – Stefan kannte ihn schon seit Jahren, denn er war immer auf diesem Brunftplatz zu finden. Bisher hatte er sich jedoch stets allen Versuchen der Jäger, ihn zu erlegen, entziehen können.

Auf der Fahrt dorthin sahen wir im ersten Licht des Tages vor uns auf dem Weg ein Kleintier, das wir zunächst – spitz von hinten vor unserem Auto wegflüchtend – nicht ansprechen konnten. Erst als es seitwärts in die angrenzenden Eichen „hoppelte", sahen wir, um was es sich handelte: ein Otter. Und der Erste, den ich in freier Wildbahn zu Gesicht bekommen habe.

Nachdem wir weitab vom Brunftplatz das Auto abgestellt hatten, pirschten wir durch ein Eichenaltholz auf den Brunftplatz zu, von dem pausenlos die Schreie vieler Schaufler zu hören waren. Noch etwa sechzig Gänge vom Rand des Eichenbestandes entfernt sahen wir dann auch den avisierten abnormen Schaufler weit draußen auf der Freifläche, wie er ständig trieb und geringere Beihirsche auf Trab brachte. Wir versuchten, etwas näher heranzukommen, er aber „merkte wohl – intuitiv – unsere Absicht und war verstimmt" – wie es bei Wilhelm Busch zu lesen ist. Er zog nach links ins Dichte, als es gerade so richtig hell geworden war. Dabei konnte er uns nicht bemerkt und auch keinen Wind von uns bekommen haben. Es war wohl genau diese individuelle Vorsicht, die ihm bisher seine Gesundheit bewahrt hatte.

Stefan und ich unterhielten uns noch im Flüsterton über die verpasste Chance und auch darüber, was dieser Schaufler – wenn ich ihn denn erlegt hätte – wohl gekostet haben würde ... Wir hatten noch einiges an Möbelanschaffungen und Renovierungen an unserem Haus geplant, und das Jagdbudget war daher nur mäßig ausgestattet. Moritz robbte derweil nach hinten und flüsterte irgendetwas hinter einer dicken Eiche in sein Handy. Nach wenigen Minuten kam er wieder zu uns gekrochen – er hatte mit seiner Oma, meiner Frau, telefoniert und für „uns" das Plazet eingeholt, den für diese „Jagd"-Reise vorgesehenen Finanzrahmen sozusagen auszuweiten. Das war zwar sehr nett von ihm, kam aber für diesen Schaufler zu spät.

Minuten später zogen rechts von uns und auf etwa 70 Gänge drei mittlere Schaufler durch die Eichen an uns vorbei. Und der zweite hatte auf einer Seite auf fast ganzer Länge eine vertikal gespaltene Schaufel, das sahen wir beide sofort! Stefan reichte mir wortlos seine bereits entsicherte Büchse. Angestrichen an einer Eiche hatte ich den „gespaltenen" Schaufler auch rasch im Zielfernrohr.

Ich muss hier einflechten, dass ich eigentlich immer noch ein überzeugter Stecher-Schütze bin. Bei meinen beiden Büchsen steht dieser so leicht und weich, dass er schon beim scharfen Anschauen losgehen könnte. Und darauf war ich hier natürlich auch eingestellt. Ich tippte den Stecher an, als ich glaubte, sauber auf dem Blatt des ziehenden Schauflers zu sein. Aber es tat sich nichts – Stefans Büchse verweigerte mir den technischen Dienst! Ich wurde zunehmend nervös und versuchte zwei Dinge gleichzeitig: mit dem Absehen auf dem ziehenden Hirsch zu bleiben und den Abzug durchzuziehen.

Der Stecher stand aber so hart, dass ich mit dem für mich ohnehin ungewohnten Absehen eins nicht mehr auf dem Schaufler war, als ich den Schuss endlich „durchgerissen" hatte. Die Kugel schlug vor dem Damhirsch in eine Eiche ein. Die Hirsche warfen sich herum und flüchteten – allesamt offensichtlich gesund – im Halbkreis um uns herum, so dass wir sie noch relativ lange sehen konnten.

Auch die spätere Untersuchung des Anschusses und der Fluchtfährte brachte keinen Hinweis darauf, dass die Kugel irgendwo den Schaufler doch noch getroffen haben könnte. Ich war ziemlich „angefressen", aber das nutzte jetzt auch nichts mehr.

Am Abend saßen wir auf einem Hochsitz an einer großen Wildäsungsfläche, auf der Hochbetrieb herrschte. Gewiss waren es mehr als 30 Schaufler aller Stärken- und Altersklassen, die sich dort um das Kahlwild stritten. Aber ein Abnormer war nicht dabei. Ein mittlerer Rothirsch zog in vollem Licht mehrfach schreiend durch die Phalanx der Schaufler und fühlte sich von diesen doch arg belästigt. Immer wieder fuhr er herum, wenn ihm ein Schaufler zu nahe kam, forkelte drohend die unschuldige Wiese und warf Grasplaggen um sich.

Der nächste Morgen brachte uns wieder viele Damhirsche in Anblick, aber es war wieder kein Abnormer darunter.

Mehr zufällig trafen wir wenig später am Jagdschloss Rinyatamási Andràs Nyul, einen der Làboder Oberjäger, ein sehr erfolgreicher Schweißhundführer, der sich gerade für eine Nachsuche in einem Revier außerhalb der Làboder Jagdverwaltung rüstete. Keine Frage, da wollten wir mit.

Ein Jagdgast hatte dort am Vorabend einen guten Rothirsch spitz von hinten (!) beschossen. „Humpelnd" war dieser nach dem Schuss im nahen Wald verschwunden. Am Anschuss und auf den ersten Metern hatte man etwas Schweiß gefunden und dann mit einer vielköpfigen Hundemeute bis tief in die Nacht hinein „frei verloren gesucht". Natürlich ohne greifbares, das heißt positives Ergebnis.

Die gestromte Hannoversche Schweißhündin „Szarvaslesi Csilla" von Andràs fiel ruhig die Wundfährte an und arbeitete diese beeindruckend und sehr konzentriert, was ja infolge des
nächtlichen Meuteeinsatzes nicht selbstverständlich war. Immer wieder zeigte sie Schweiß, der jedoch rasch seltener wurde
und schließlich fast gänzlich aufhörte. Im Holz musste sie sich
häufiger durch Bogenschlagen die Wundfährte aus den unendlich vielen Verleitungen heraus suchen. Sauen brachen vor uns
weg, nah und fern hörten wir die Schaufler am helllichten Tage
schreien. Es war das alles für die Hündin schon extrem schwierig. Nach langer Strecke ohne jede Kontrolle verwies „Csilla" ein
Wundbett mit einem winzigen Tropfen Schweiß und später auf
einem Sandweg das weit gespreizte Trittsiegel eines stärkeren
Hirsches. Andràs war sich ziemlich sicher, dass „Csilla" nunmehr eine warme, also frische Fährte arbeitete, zumal sie jetzt
auch sehr viel lebhafter und heftiger im Riemen lag als auf der
bisher gearbeiteten Strecke. Und warum hätte die Hündin hier
changieren sollen, wo sie doch bisher eine Fährten- und Verlei-
tungssicherheit gezeigt hatte, zu der nur ein gerecht abgeführ-
ter und viel eingesetzter Spezialist fähig ist. Andràs entschloss
sich also zum Schnallen, auch weil er um 16 Uhr unbedingt
wieder am Schloss sein musste, um neue Jagdgäste in Empfang
zu nehmen und auf Reviere und Jagdführer aufzuteilen.

Weniger als eine Minute nach dem Schnallen hörten wir den
Hetzlaut der Hündin, der rasch in dunklen Standlaut überging.
Andràs und Moritz machten sich im Laufschritt auf den Weg
dorthin. Einige Male brach der Hirsch noch die Bail, dann aber
gelang der Fangschuss, der dem Hirsch eine lange Leidenszeit
ersparte. Die Kugel vom Vorabend saß spitz von hinten mitten
auf der Keule. Die Hündin hatte eine Spitzenleistung gezeigt,
die ihr auf einer Hauptprüfung einen dicken Ersten Preis ein-
gebracht hätte. – Der Nachsuchenverursacher war bereits am
Vorabend abgereist ...

Nachdem Andràs dann später im Rinyatamási seine Jagdgäste „versorgt" hatte, machten wir uns mit ihm auf den Weg in
sein Revier. Wir pirschten in einem verhältnismäßig dichten
Laub-Nadelholz-Mischbestand ein „Schaufler-Konzert" an und

kamen auch verhältnismäßig nahe an den „Tatort" heran. Jede Menge Kahlwild und viele Schaufler tummelten sich dort auf engstem Raum, und unentwegt war das Zusammenschlagen von Schaufeln zu hören, wenn sich mal wieder zwei zu nahe gekommen waren. Und dann sahen wir IHN: einen Schaufler mit nur einer einzigen – allerdings gewaltigen – Schaufel. Auf der anderen Seite nichts, aber auch gar nichts. Nicht einmal die Andeutung eines Rosenstocks war zu erkennen. Aber er war in ständiger Bewegung und unentwegt entweder vom Kahlwild, von anderen Hirschen oder einfach von Bäumen verdeckt.

Allmählich verlagerte sich das Geschehen in lichteres Holz, und wir konnten unentdeckt folgen. Es war schon bedenklich dunkel geworden, als der „Ein-Schaufel-Schaufler" hinter einem anderen geringeren Hirsch auf eine kleine Freifläche zog. Andràs gab mir sein Gewehr und baute seinen Pirschstock mit vier Beinen vor mir auf. Leider war dieser nicht auf meine Körpergröße passend eingestellt, und so kam ich in der Eile nicht zurecht. Ich versuchte es angestrichen an einem Baum, aber da hatte der Schaufler schon gewendet und war wieder zurückgezogen. Vielleicht hätte es bei ein wenig mehr Mut meinerseits doch noch geklappt, aber mein Fehlschuss vor zwei Tagen saß mir noch tief im Gemüt, und eine Fehlschuss-Dublette wollte ich mir denn doch nicht leisten.

Am nächsten Morgen packten wir unsere Sachen und fuhren Richtung Heimat – diesmal durch die östlichen Alpen über Graz. Von den Erlebnissen zehrten Moritz und ich noch lange. Meinen ungarischen Freunden bin ich sehr dankbar für ihre mir schon so oft entgegen gebrachte Jagdfreundschaft, die ja in unserer allzu materiell eingestellten Zeit weiß Gott nicht mehr selbstverständlich ist.

So war es fast selbstverständlich, dass wir auch für die Herbstferien 2008 wieder eine Jagdreise nach Làbod planten. „Wir" – das waren mein langjähriger Jagdfreund Peter Voss mit Sohn Max aus Herten in Nordrhein-Westfalen, Dr. Ralf Erdmann und Ernst Utz aus Baden-Württemberg, Günter Klahm aus dem Saarland und meine Wenigkeit mit Enkel Moritz aus Rheinland-Pfalz.

Max und Moritz sind gleich alt und haben nahezu identische Interessen: Jagen mit Papa beziehungsweise Opa, Angeln und Fußball – vor allem der in Gelsenkirchen „auf Schalke". Wilhelm Busch hätte an diesen beiden lebenden Exemplaren seiner berühmten Geschichte seine helle Freude gehabt.

Am Abend des 02.10.2008 trafen wir uns alle in Ruhstorf a. d. Rott im Hotel Mathäser, unserer schon obligatorischen Zwischen- und Nächtigungsstation auf dem Weg ins südliche Ungarn. Früh am nächsten Tag ging es weiter, und um 14 Uhr traf die letzte Gruppe, also das letzte Auto unserer Mannschaft, im Jagdhaus Nagysallér nahe Làbod ein. Dort bezogen wir unsere Quartiere für die nächsten Tage.

Ich hatte einen Damhirsch so um die drei Kilogramm Geweihgewicht gebucht, wobei mir schon klar war, dass die Kosten ab drei Kilogramm aufwärts schon sehr in die finanzielle „Progressionszone" hinein gehen können. Und es sollte entweder ein abnormer Schaufler sein oder aber ein sehr alter.

Zunächst führte uns – das heißt Moritz und mich – der Chef der SEFAG, Dr. Josef Buzgo, der auch Vorsitzender des ungarischen Schweißhundvereins ist und mit dem mich eine langjährige Freundschaft verbindet. Wir sahen viele Schaufler, darunter auch zwei, die meinen Blutdruck schon ein wenig in die Höhe jagten: ein stärkerer Hirsch mit sehr ungleich breiten Schaufeln – allerdings weit über der magischen „Drei-Kilo-Marke" und einen Hirsch mit nur einer Schaufel unter eben dieser Grenze, der sich aber seiner besonderen Gefährdung offensichtlich bewusst war und sehr schnell über den Brunftplatz trollte, bis er weit jenseits jeder verantwortbaren Schussentfernung sich dann aufreizend lange und praktisch bis zum Schwinden des Büchsenlichts aufhielt.

Als Josef dann einen „Protokollgast" der ungarischen Regierung zu führen hatte, übernahm mich Stefan Böhm als Jagdführer. Über ihn habe ich schon viel berichtet – uns verbinden 30 Jahre gemeinsames Jagen in diesem Rot- und Damhirschparadies Làbod. Bei allen meinen Rot- und Damhirscherlegungen stand oder saß Stefan neben mir, und so wertete ich das auch in diesem Jahr als gutes Omen.

Wir sahen viele Damhirsche bei unseren Pirschgängen und Ansitzen in den nächsten Tagen, aber stets konnten sich diejenigen, die für mich von besonderem Interesse gewesen wären, irgendwie aus der Gefahrenzone retten.

Wir schrieben bereits den 06. Oktober 2008. Die Mitstreiter unserer Jagdgesellschaft waren – mit Ausnahme von Günter Klahm und mir – bereits alle „zu Potte" gekommen. Ralf Erdmann hatte einen abnormen Kapitalschaufler von mehr als viereinhalb Kilogramm erlegt, Ernst Utz zwei Schaufler jeweils über der „Drei-Kilo-Marke" und Peter Voß ebenfalls zwei Schaufler – einen mit stark zerrissenen Schaufeln beidseits und einen Einstangen-Schaufler – beide unter drei Kilogramm Geweihgewicht.

Stefan, Moritz und ich saßen bei beginnendem Büchsenlicht an einem sehr Erfolg versprechenden Brunftplatz, auf dem aber

Ralf Erdmann mit seinem abnormen Kapitalschaufler und Moritz

enttäuschend wenig los war. Die Musik spielte in einem angrenzenden Eichenaltholz, dort schrieen etliche Schaufler pausenlos, und ständig hörte man Hirsche kämpfen. „Wenn der Berg nicht zum Propheten kommt, dann muss der Prophet eben zum Berg" – so meinte Stefan, und so machten wir uns auf den (Pirsch-) Weg in die Eichen. Die Schaufler waren so in Rage, dass sie von dem vor uns wegflüchtenden Kahlwild kaum Notiz nahmen.

Da kamen uns zwei Schaufler entgegen gezogen, die sich alle paar Meter in die Haare gerieten und vehement kämpften. Der eine der beiden hatte auf beiden Seiten weit geschlitzte Schaufeln – Moritz raunte, das sei eigentlich ein Karibu und kein Damhirsch. „Um die drei Kilo" – flüsterte Stefan und überließ mir die Entscheidung, „ob" – oder „ob nicht". Ich strich an einer Eiche an – auf die etwa sechzig Meter sollte der Schuss keine Kunst sein. Das Rotpunkt-Absehen stand mitten auf dem Blatt, als ich den gestochenen Abzug berührte. Aber es machte nur „klick" statt „bumm". Repetiert und dasselbe noch einmal mit einer neuen Patrone (ich hatte eine Schachtel 9,3 x 62, UNI Classic, 19,0 g RWS-Dynamit Nobel dabei, und die hatte Moritz in Verwahrung), wieder machte es laut „klick" statt „bumm". Das wiederholte sich noch einige Male, bis ich völlig entnervt meine Bemühungen beendete. Auch der Schaufler hatte die Nase voll und verschwand von der Bildfläche. Die Zündhütchen aller Patronen waren deutlich eingeschlagen, aber wohl nicht weit genug – oder aber die Zündhütchen dieser Serie saßen um den Bruchteil eines Millimeters zu tief.

Stefan sagte nichts – und was er dachte, das konnte ich nur ahnen.

Zweihundert Meter weiter schimmerte eine Ödlandfläche durch die Stämme des Eichenbestandes. Dorthin pirschten wir – und als wir am Bestandsrand angekommen waren, sahen wir zwei Schaufler auf der Fläche stehen. Stefan besah sich den rechten der beiden und meinte, dieser sei sehr, sehr alt und die rechte Schaufel zudem sehr schmal. Erheblich mehr als drei Kilogramm Geweihgewicht würde er wohl kaum auf die Wage bringen. Aber was nutzte mir das, wo mir mein Stutzen an diesem

Mein alter Damhirsch wenige Sekunden vor seiner Erlegung – Foto: STEFAN BÖHM

Tag offensichtlich den Dienst verweigerte. Auf höchst intensives Zureden von Stefan und Moritz probierte ich es doch noch einige Male mit neuen Patronen – Ergebnis: siehe oben!

Schließlich zerlegten wir im Angesicht des Schauflers das Mauserschloss meines Stutzens und setzten es wieder zusammen. Erneuter Versuch: „Klick". Nun sollte aber endgültig Schluss sein – ich war sauer und Stefan wohl auch.

In besagter neuer Patronenpackung steckten noch zwei ältere Patronen „Brenneke TUG", von denen hatte sich Moritz eine geangelt und wie ein Magier „besprochen". Mit der sollte ich es doch bitte ein letztes Mal versuchen. Stefan fotografierte derweil den müde vor sich hin dösenden Schaufler, und als dieser sich aufreizend breit stellte, startete ich den letzten Versuch mit dieser „alten" Patrone. Moritz hatte aber inzwischen die Übersicht verloren, welchem der beiden vor uns stehenden Schaufler nun denn unsere Bemühungen galten und hatte den falschen im Glas, als – zu meiner großen Überraschung – es diesmal knallte. Sein Kommentar: „Na toll, jetzt hast du ihn auch noch vorbei geschossen!" Der beschossene Schaufler-Methusalem hatte jedoch nur noch ein paar krampfhafte Fluchten gemacht und war dann zusammengebrochen. Meine Kugel saß „Mitte Blatt", dort, wo sie hingehört! – Gott, waren wir alle erleichtert!

2,98 Kilogramm wogen die Schaufeln des alten Damhirsches – nicht nur in Bezug auf die letzte Patrone, sondern auch auf das Gewicht und den zu zahlenden Preis hatte mir Diana dann doch noch ein wenig zugelächelt.

Der Abschied von Làbod fiel uns allen schwer. Vor allem Max und Moritz hätten gerne noch ein paar Tage drangehängt. Als

Mit der „letzten Patrone" hatte ich dann doch noch Waidmannsheil

ich auf der Rückfahrt einmal in einem Kreisverkehr falsch ab-
gebogen war und die Dame im NAVI sagte: „Wenn möglich, bitte wenden", rief Moritz sofort: „Siehst du, die Frau sagt auch,
wir sollten nach Làbod zurückfahren."

In fernen Revieren

Welchen Jäger zieht es nicht manchmal hinaus in ferne Reviere, dorthin, wo der Kommerz (noch) nicht alles so dominiert wie in unserem eng gewordenen Deutschland? Die Naturferne und auch die Rücksichtslosigkeit vieler Zeitgenossen gegenüber unseren Mitgeschöpfen haben – vor allem im Wald – mittlerweile bei uns nicht mehr tolerierbare Ausmaße erreicht. Die Reaktionen der Menschen, die den im und vom Wald lebenden Tieren ein artgerechtes Leben ermöglicht sehen wollen, reichen von stiller Resignation bis hin zur ohnmächtigen Wut.

Ich bin eigentlich kein typischer Auslandsjäger, dazu fehlt mir der pekuniäre Hintergrund. Dennoch konnte ich viele Male in Kanada (British Columbia) und Ungarn und einige Male in Österreich, Spanien und Polen jagen und habe von dort unendlich viele Erinnerungen und einige wenige Jagdtrophäen mit nach Hause genommen.

Manche Erlebnisse, auch und vielleicht gerade dann, wenn sie nicht erfolgreich (im Sinne von „Strecke machen") waren, haben sich besonders tief ins Gedächtnis eingeprägt. Von einigen möchte ich nachfolgend erzählen.

Es war in den sechziger Jahren des vorigen Jahrhunderts. Ich pirschte mit einem österreichischen Jagdfreund und Schweißhundführerkollegen in seinem Revier nahe dem Großglockner. Ich wollte meinen ersten Gams schießen, und dieser „Erste" sollte ein geringer Jährling sein. Es war Hochsommer, und wir hatten strahlend schönes Wetter und ich fast meinen ganzen Jahresurlaub genommen – und so eilte es mir mit dem Gams nicht so sehr. Wir hatten schon einige Male sehr guten Gams-Anblick gehabt, aber das, was wir suchten, war jeweils nicht dabei.

An einem Vormittag pirschten wir auf einem horizontal angelegten, sehr versteckten „Jägersteig" durch ein lückiges Latschenfeld. Sepp ging – mit seiner schönen, dunkel-gestromten Hannoverschen Schweißhündin „Burga vom Jaidhaus" am Riemen – einige Schritte vor mir. Unser Pfad machte dann einen

Knick um eine Felsnase herum. Beide waren einige Sekunden für mich verschwunden, als sich unter mir ein mächtiger Vogel sozusagen aus den Felsen warf. Ich erschrak ziemlich und glaubte zunächst an einen Steinadler, aber es war ein Weißkopf- oder Gänsegeier. Ohne Flügelschlag segelte der gewaltige Vogel fast im Zeitlupentempo unter uns und über die smaragdfarben schimmernden Kapruner Stauseen – ein unvergleichlich schöner Anblick, der sich tiefer in meine Erinnerungen eingegraben hat als die spätere Erlegung des Gamsjährlings. Es dürfte nicht oft vorkommen, dass man einen segelnden Geier sozusagen „von oben herab" sieht, denn wir standen ja höher als er. Und dann noch der „Hintergrund" der Kapruner Seen. Hätte diese Szene jemand gemalt, er wäre sofort bei den „Kitsch-Produzenten" eingereiht worden.

Die Gänsegeier begannen sich damals gerade wieder den österreichischen Alpenraum zurück zu erobern. Heute sind sie im Salzkammergut wohl wieder endgültig heimisch geworden und brüten auch wieder dort.

* * *

Nahezu 40 Jahre später im fernen Kanada. Mit dem Outfitter Horst Mindermann pirschten wir zur Zeit des Indianersommers auf Elch oder Wapiti. Für beide Wildarten hatte ich Lizenzen.

In der Frühe eines herrlichen Septembertages hatten wir den Truck an einer Jagdhütte abgestellt und pirschten Richtung Moberly River. Zunächst machten wir eine Elchkuh rege, die sich in förderndem Troll seitwärts in die Büsche schlug. In einem kleinen See – einen Kilometer weiter – standen Elchkuh und Kalb, die dort die Wasserpflanzen ästen. In jenem Herbst war dies übrigens das erste Elchkalb, das wir sahen. Mindestens zehn kälberlose Elchkühe hatten wir in den Tagen zuvor in Anblick gehabt. Grizzly, Schwarzbär und natürlich der Timberwolf erheben doch wohl einen gewaltigen Blutzoll, vor allem natürlich vom Jungwild.

In einem weiträumigen Aspenbestand versuchte es Horst mit dem Elchruf – denn sowohl Elch wie Wapiti mussten von der Jahreszeit her in voller Brunft stehen. Das zeitigte aber kein Ergebnis, und so pirschten wir weiter. Das bis dahin relativ ebene Gelände brach abrupt zum Moberly River hin ab, jetzt hörten wir auch mindestens zwei Wapitis unten am Fluss schreien. Wenn man von zu Hause den orgelnden Schrei unserer Rothirsche „gewöhnt" ist, dann ist die Lautäußerung dieser großen nordamerikanischen Hirsche schon irgendwie enttäuschend. Beginnend mit einem hohen und schrillen Pfeifen geht der „Schrei" die Tonleiter abwärts und endet mit einem tiefen gurgelnden Schlusston.

Der Inhaber der helleren und schwächeren der beiden Stimmen zog flussabwärts, aber die bessere Stimme blieb relativ standorttreu in unmittelbarer Flußnähe. Sehen konnten wir jedoch noch gar nichts – so vorsichtig wie irgend möglich rutschten wir den Hang hinab. Horst spielte nun auch akustisch „Wapiti", und so gelang es ihm, den ständig und wütend antwortenden Hirsch am Platz zu halten. Er hatte auch Kahlwild dabei, denn wir hörten das ganze Rudel laut planschend den Fluss unter uns überqueren.

Schließlich waren auch wir am wild verwachsenen Flussufer angekommen, ohne gestört oder Wild vertreten zu haben. Im Gegenhang tobte der Hirsch und direkt am Flussufer stand ein Wapiti-Schmaltier, das dort hingebungsvoll von der Uferflora äste. Dieses Schmaltier nagelte uns nun absolut fest – gelegentlich sicherte es schon misstrauisch zu uns herüber. Und der Hirsch schrie pausenlos und trieb auch keine fünfzig Gänge oberhalb im Holz – aber wir sahen vom ihm nicht ein einziges Haar. Schließlich zog auch das Schmaltier nach oben weg, und die „Aktivitäten" des Hirsches verlagerten sich ebenfalls hangaufwärts; als er über den jenseitigen Geländeabbruch auf das Plateau gezogen war, verschwieg er abrupt, oder wir konnten ihn jetzt nicht mehr hören.

Weder zuvor noch nachher war ich so nahe an einem offenbar „besseren" Wapitihirsch dran gewesen, und doch hatte es nicht geklappt. Wenn ich aber zu Schuss gekommen wäre – wie hätten wir den Hirsch bergen wollen und können? Aber da wäre Horst sicher etwas eingefallen!

Wir waren erst gegen Mittag wieder am Auto, geschätzte zehn bis zwölf Kilometer hatten wir an diesem Morgen zurückgelegt, die Hälfte davon (der Hinweg) langsam und konzentriert pirschend. Ich war ziemlich erledigt.

* * *

Mit meinem Jagen in Kanada untrennbar verbunden sind für mich die „Pine-River-Lodge" von Horst Mindermann nahe Chetwynd im Norden von British Columbia und die „Castle-Rock-Ranch" von Eberhard Mussfeld zwischen Clinton und dem „100-Mile-House", also noch im südlichen Drittel von BC.

Die „Castle-Rock-Ranch" ist – leider – seit ein paar Jahren nicht mehr Ausgangspunkt der jagdlichen Unternehmungen bei Eberhard Mussfeld. Sie liegt sehr einsam auf einem Hochplateau oberhalb des Bonaparte River, zwanzig Autominuten vom Highway entfernt und nur über einen fürchterlichen, Auto mordenden „Weg" erreichbar. Strom und Wasser gab es damals nur dann, wenn der Generator lief – aber es war ein urgemütliches Haus, komplett aus dicken Holzstämmen gebaut und – als extra „belassenes" Relikt aus früheren Zeiten, als es dieses Haus noch nicht gab – eine beim Bau dieses Hauses verlassene Schwarzbär-Winterhöhle wenige Meter neben der Haustüre. Das war schon ein sehr uriges Quartier, ich habe mich dort immer sehr wohl gefühlt.

Bei meinem zweiten Besuch dort im Mai 1997 ging ich bei herrlichem, warmem Maiwetter am frühen Morgen vor die Haustüre, als mich eine „Hornisse" attackierte. Mehr reflexartig schlug ich nach ihr, da flog das Küchenfenster auf und Hannelore Mussfeld rief mir zu, ich solle doch bitte den Kolibri am Leben lassen. Mir war – ich gestehe das ein – nicht bekannt, dass es in diesem Teil Kanadas Kolibris gibt, die sich im zeitigen Frühjahr von den Südwinden aus Mittelamerika bis hierher und sogar noch weiter – bis ins nördliche Drittel Britisch-Kolumbiens – tragen lassen.

Die „Pine-River-Lodge" war gegen die „Castle-Rock-Ranch" fast eine Nobel-Herberge, jedenfalls für nordkanadische Verhältnis-

Die Pine-River-Lodge im Norden und ...

... die Castle-Rock-Ranch im südlichen British Columbia

se: sehr schöne, kleine Gästehütten mit Strom, Dusche und WC in jeder Hütte (!), ein großes Küchenhaus, das gleichzeitig als Gemeinschaftsraum diente, und ein traumhafter Blick auf den rauschenden Pine River und die Wildnis dahinter.

Abends saß man vor der Hütte und hörte im Gegenhang die Wölfe heulen, und über Tag ästen am jenseitigen Ufer die Maultier- und Weißwedelhirsche. Kanada-Stimmung pur, und die verbunden mit durchaus mitteleuropäischen Standards an Hygiene und Komfort. Leider hat Horst Mindermann diese Lodge mittlerweile verkauft, sie steht also nicht mehr als Dreh- und Angelpunkt der jagdlichen Unternehmungen in diesem Outfit zur Verfügung.

Ich habe mich bei Eberhard Mussfeld und Horst Mindermann immer sehr wohl gefühlt und kann sagen, dass sie mir zu wirklichen Freunden geworden sind. Ich hatte stets das Gefühl, bei beiden willkommen zu sein, und mich auch gar nicht mehr als „Gast" gefühlt. Mit einem anderen Outfitter habe ich bei meinem letzten Kanada-Trip allerdings auch gegenteilige, sehr negative Erfahrungen machen müssen. Klare, vorher mit diesem mir schon seit Jahren bekannten Mann getroffene Abmachungen waren plötzlich nichts mehr wert, und so brach ich meine Zelte dort schon nach wenigen Tagen ab. Verlässlichkeit ist eine für mich unverzichtbare Tugend, und wer diese nicht hat, mit dem kann ich einfach nicht „umgehen".

In der Pine-River-Lodge lernte ich auch Christian Sach, Franz Kirschbaum, Peter Demmer, Randy Fuchs und Raymond Fromme kennen – alles Deutsche, die die Enge unseres kleinen Landes gegen die Weite der kanadischen Wildnis eingetauscht hatten. Mit all diesen Männern und auch mit Jost Bieri, einem Schweizer, habe ich sowohl am Moberly River als auch in den Rocky Mountains gejagt und stehe noch heute mit ihnen in gelegentlicher telefonischer Verbindung.

* * *

Mit Franz Kirschbaum – er stammte aus der Gegend von Passau – war ich im Indian Summer 2002 im Flachland in der

Thomas Wuppermann mit seinem kapitalen Puma und dem Autor

Gegend des Moberly Rivers unterwegs. Wir suchten einen „legalen" Elchschaufler (so einer musste damals mindestens auf einer Seite drei oder mehr Enden in der Vorschaufel haben oder aber geringer sein als ein gerader Sechser) oder einen Wapiti (ein solcher musste mindestens drei Enden oberhalb der Mittelsprosse aufweisen). Überall standen nagelfrische Elch- und Wapitifährten und auch Schlagstellen, nur die Verursacher zeigten sich nicht. Schließlich kamen wir an unserem eigentlichen Ziel, einer mehrere Hektar großen Minerallecke, an. Auf einer etwas erhöhten und daher trockenen Stelle schoben wir uns hinter einigen Bäumchen ein, die uns spärliche Deckung boten. Wir hörten nach kurzer Zeit das typische Geräusch ziehenden starken Wildes, wenn es seine Läufe mit einem schlürfenden Ton aus dem Schlamm zieht. Und dann kamen sie auch schon: zwei Elchkühe, ein Kalb und ein ungerader Sechser, wohl vom zweiten Kopf. Nahezu eine Stunde ästen sie vor uns und nahmen auch ab zu einen Schluck aus der salzigen Brühe. Wir hofften mehr als eine Stunde auf einen stärkeren Elch, aber das Benehmen des Jünglings ließ nicht darauf schließen, dass sich ein solcher in der Nähe aufhielt. Schließlich zogen sie vereint von dannen – es war mehr eine Familienidylle als die eigentlich erwartete Brunftaktivität.

Zwei Tage später am gleichen Ort. Mein Guide Mike hatte sich hinter mir eingeschoben und schnarchte leise vor sich hin. Wieder hörte ich nach einer Weile absoluter Stille das typische schmatzend-schlürfende Geräusch ziehenden Wildes. Leise weckte ich meinen Guide, und da kam er auch schon herangezogen: ein Elchbulle – gerader Sechser. Mit diesem Geweih war er sowieso tabu – und er wäre mir auch zu gering gewesen. Ich bin ganz gewiss kein Jäger, dem es mehr oder weniger ausschließlich um Kilogramm und Punkte geht. Aber mein erster Kanada-Elch sollte doch wenigstens näherungsweise den Vorstellungen entsprechen, die ein deutscher Jäger von einem kanadischen Elch hat. So beschränkten sich meine Aktionen aufs Filmen – und es ist dies eine meiner besten kanadischen Filmsequenzen geworden: der im hellen Sonnenschein auf dreißig Gänge an uns vorbei durch den Schlamm der Minerallecke ziehende junge Elchbulle.

Wenige Tage später. In der gleichen Gegend war ich frühmorgens mit Randy unterwegs. Wir hatten gerade den Truck am Rande einer Power-Line (Starkstromleitung) verlassen, da hörten wir einen Elch rufen. Randy antwortete sofort und imitierte nach einigen Minuten noch den klagenden Ruf einer brunftigen Elchkuh. Sekunden später kam „er" heran gezogen – aber es war für ein verlässliches Ansprechen einfach noch zu dunkel.

Zwar erkannten wir lange, relativ schmale Schaufeln mit vielen, wenn auch kurzen Enden gegen den bereiften Hintergrund der Schneise, aber ob er wenigstens in einer Vorschaufel drei Enden hatte, das konnten wir im Dämmern des beginnenden Tages (noch) nicht sehen. Der Elch wendete und zog weiter.

Wir machten einen großen Bogen und pirschten an eine in der Zugrichtung des Elches liegende große Kahlfläche in der Hoffung, er würde dort vielleicht noch mal auftauchen. Er kam aber nicht, statt seiner zogen auf der Gegenseite aus dem dichten Busch drei stärkere Maultierhirsche. Das hätte wunderbar gepasst, aber ich hatte für einen solchen weder eine Lizenz noch hatten diese bereits Jagdzeit. Wir schrieben den Monat Oktober, und die „Mulis" und auch die Weißwedelhirsche hatten noch bis zum 31. Schonzeit.

Nach vier wunderschönen Wochen ging es ohne Elch- oder Wapititrophäe wieder nach Hause, aber mit einem Koffer voller herrlicher Erlebnisse und zwei Stunden Videofilm, die ich mir ab und zu gerne wieder anschaue, um alles noch einmal zu durchleben.

* * *

Im Jahre 2004 jagte ich mit einigen Jagdfreunden hoch im Norden von British Columbia. Unter ihnen war auch Dr. Thomas Weritz aus Warendorf, mit dem mich seit einer gemeinsamen Jagd in Spanien einige Jahre zuvor eine herzliche Freundschaft verbindet. Die vorgebliche Lebensweisheit, echte Freundschaften müsse man in der Jugend begründen, später würde es allenfalls noch zu netten Bekanntschaften reichen, haben wir beide in diesem Falle klar widerlegt.

Es war an einem wunderschönen Indian Summer-Abend am Tommy Lake. Outfitter (und Guide) Mike und ich machten einen weiten Pirschgang entlang des Seeufers, das von den gewaltigen Trittsiegeln der Elche und Wapitis völlig zernarbt war. Viele Weidenbüsche waren von den Schaufeln der Elche und den gigantischen Geweihen der Wapitihirsche in Grund und Boden geschlagen. So machten wir uns große Hoffnungen auf einen

Unsere „Kanada-Truppe" im September 2004

guten Anblick. An einer Stelle, von der man auch das gegenüber liegende Seeufer gerade noch hätte beschießen können und wo der Wind einigermaßen passte, hockten wir uns nieder und harrten der Dinge, die hoffentlich kommen würden.

Es herrschte eine totale Stille, die einem an eine ständige zivilisatorische Geräuschkulisse gewohnten Europäer fast schon fast körperlich wehtat. Da kam lautlos auf dem See ein großer, grün belaubter Ast angeschwommen. Ich wunderte mich, was diesen doch recht großen Ast bei der absoluten Windstille wohl bewegen könnte und vermutete zunächst eine doch erhebliche, aber optisch nicht erkennbare See-Strömung. Dann klärte mich Mike im Flüster-

Thomas Weritz mit Timberwolf

61

Die Trophäe meines Kanada-Elchs – bärensicher deponiert war sie zwar nicht, aber es ging gut

ton auf: Dort schwamm völlig lautlos und ohne erkennbare Beunruhigung der Wasseroberfläche ein Biber, der seine Abendmahlzeit Richtung Bau transportierte. Und dann segelte im abendlichen Aufwind ein Weißkopf-Seeadler lautlos und fast ohne Schwingenschlag über den See, interessierte sich kurzfristig für den Biber, flog dann aber weiter.

Im letzten Licht fiel in der Nähe ein Schuss – mein mitgereister Jagdfreund Uli Pfeiffer, seines Zeichens Zahnarzt in der Südeifel-Kreisstadt Wittlich – hatte seinen Elchschaufler erlegt.

Wir hatten an diesem Abend keinen Anblick von Elchen oder Wapitis, aber der „getarnte" Biber und der über ihm schwebende Wappenvogel der Vereinigten Staaten von Amerika, der Weisskopf-Seeadler, bleiben unauslöschlich in meinen Erinnerungen haften.

„Meinen" Elchschaufler erlegte ich am folgenden Morgen unweit unseres Ansitzplatzes.

In diesem Hang heulten nachts die Timberwölfe

Ich habe nie einen Fuß auf afrikanischen, asiatischen oder australischen Boden gesetzt, weder zum Jagen noch aus anderen Gründen. Dass ich gerade Kanada so „verfallen" bin, ist also keine Abwertung der Jagd auf den anderen Kontinenten. Man kann ja nur etwas lieben, das man kennt.

Wenn man weiß, dass etwa 90 Prozent der nur 30 Millionen Kanadier in einem etwa 100 Kilometer breiten Streifen im Süden entlang der Grenze zu den USA leben, kann man sich ausmalen, wie relativ menschenarm die weiter nördlich gelegenen Regionen sind. Und: Kanada ist mit rund zehn Millionen Quadratkilometern Landfläche nach Russland und China das drittgrößte Land dieser Erde.

Natürlich ist der Raum beiderseits der Highways mittlerweile nahezu durchgehend besiedelt, aber dicht hinter den Häusern beginnt eben doch der nordische Urwald, sofern die Forst- und Holzwirtschaft sich nicht seiner schon angenommen hat. Die Wälder seien der Reichtum Kanadas, so steht auf vielen Tafeln in Ortschaften und auf Reise-Prospekten zu lesen. Leider geht man aber mit diesem Reichtum nicht sehr pfleglich um.

Natürlich sind es auch die in diesem riesigen Land lebenden Wildarten, die mich seit meiner Jugend fasziniert haben. Die gewaltigen Elche, die Wapitis, die Grizzlys und die Schwarzbären – sie alle geisterten durch meine Träume in der ersten Hälfte meines Lebens, nachdem ich alles an Kanada-Literatur verschlungen hatte, was in meine Hände fiel.

Reinhold Eben-Ebenaus „Goldgelbes Herbstlaub" war das erste Buch, das ich über die Jagd in diesem fernen Land gelesen habe – und es ist nach meiner Überzeugung auch das beste Jagdbuch über dieses Land geblieben. Viele Bücher wurden vorher und nachher verfasst – nahezu alle Autoren beschreiben ihre Jagderlebnisse in „tabellarischem" Tagebuchstil. Das kann aber dem Gesamterlebnis, so wie ich es dort immer empfunden habe, kaum gerecht werden. Eben-Ebenaus Kanada-Klassiker schließt mit einer düsteren Prognose für die Zukunft des Wildes und der Jagd in Kanada – geschrieben vor einem halben

Jahrhundert. Damit hat er – soweit ich das beurteilen kann – Gott sei Dank nicht Recht behalten.

Die grandiose Landschaft, die unendliche Weite und vor allem die Menschenarmut dieses Landes haben mich bei allen meinen Aufenthalten tief beeindruckt, und natürlich die unvergesslichen Erlebnisse mit den dort lebenden Wildtieren: der starke Elchschaufler am Ufer des Tommy Lake, der durch einen See schwimmende Bär, der majestätische Flug des Weißkopf-Seeadlers, der Puma im sonnendurchfluteten Aspenbestand und das Wolfskonzert im Gegenhang der Pine-River-Lodge.

Wäre ich bei meinem ersten Besuch dieses meines Traumlandes statt 57 vielleicht erst 27 Jahre alt gewesen – wer weiß, wie mein Leben dann verlaufen wäre. Vielleicht erlauben es die Umstände, dass ich noch einmal im Westen Kanadas pirschen und jagen kann. Dies wäre mein größter Traum ...

Im Kondelwald und anderswo

Der Kondelwald in der Südeifel wurde 1973, als ich aus dem Lützelsoon dorthin versetzt wurde, meine forstliche und jagdliche Heimat. Von Hause aus ein reines Laubholzgebiet wurden in dem rund 2000 Hektar großen Staatswald in den Jahren 1955 bis 1968 und in geringerem Umfang auch noch später viele ertragsschwache, auf flachgründigen Standorten stockende Eichen-/Hainbuchen-Niederwaldbestände abgetrieben und mit Douglasien aufgeforstet. Heute, nahezu vierzig Jahre später, liefern diese Douglasienbestände einen beträchtlichen Beitrag zum positiven Betriebsergebnis des Forstamtes.

In den Jahren nach dem Dickungsschluss der meisten Douglasienaufforstungen – es waren immerhin mehr als 300 Hektar – vergrößerte sich unser Rotwildbestand, ohne dass wir es zunächst registrierten. In den Steilhängen zu Alf und Ueß waren störungsarme, durch die weiten Reihenabstände bei der Pflanzung der Douglasien auch noch im Dickungsalter dem Rotwild Äsung bietende Einstände entstanden. Als wir die Bestandszunahme bemerkten, erhöhten wir rasch die Abschusszahlen, so dass wir die Entwicklung im Griff behielten. Wenn uns heute manche Kollegen den Vorwurf machen, wir hätten damals „Wald" mit „i" geschrieben, so ist das eine ziemliche Frechheit und in keiner Weise gerechtfertigt. Aber: Wir haben uns damals um einen Ausgleich und einen Mittelweg bemüht und nicht das Wild für alles verantwortlich gemacht, was nicht so ganz wunschgemäß klappte. Heute muss das arme Wild oft genug für die waldbauliche Ideenlosigkeit herhalten.

Während meiner Dienstzeit wurden in meinem Revier zwei größere Waldflächen, auf denen die ursprüngliche natürliche Bestockung noch weitgehend unverändert vorhanden war, zu „Naturwaldreservaten" erklärt. In einer dieser Flächen wurde exakt ein Hektar eingegattert – man wollte sehen, wie sich die Bestockung dort ohne jeden Einfluss des Wildes entwickeln würde. In den ersten Jahren kam dort alles, was das Herz begehrte – so üppig, vielfältig und flächendeckend, dass unser Forstamtsleiter Bornmüller und ich schon sehr ins Grübeln kamen:

Elsbeeren, Eichen, Hain- und Rotbuchen, verschiedene Weidenarten, Gräser und Kräuter und jede Menge Orchideen. Es war ein richtiger Garten Eden. Und alles wurde von Studenten mit wissenschaftlicher Akribie festgehalten. Aber es war eben auch die Brombeere durch Vögel dorthin verbracht worden, und nach wenigen Jahren war es mit der botanischen Herrlichkeit vorbei! Ein mehr als meterhoher und flächendeckender Brombeerteppich hatte nahezu alles erstickt – weil eben das Wild im Winter, wenn die winterharte Brombeere gerne geäst wird – in dieses Gatter nicht hinein und folglich dort nicht äsen konnte. Die Brombeere konnte sich völlig ungehindert auf diesem Hektar ausbreiten und üppig entwickeln. – Wie man sieht, hat jedes Ding seine zwei Seiten.

Als uns der Orkan „Wiebke" im Februar 1990 viele auf den flachgründigen Standorten angebauten Douglasien-Reinbestände einfach „umgepustet" hatte, beschlossen wir, dort wieder Traubeneichen – also die ursprünglich dort vorhandene Bestockung – einzubringen. Das ging natürlich nicht ohne Gatter. Eichen sind im Kulturstadium nun mal eine für alle Wildarten sehr attraktive Äsung – zumal dann, wenn sie aus kommerziellen Baumschulen bezogen und auch noch kräftig gedüngt worden sind –, und so schützten wir diese Eichenkulturen mit einfachen Hordengattern, die wir aus Douglasienlatten selbst herstellten.

Die Kulturen liefen prächtig auf, und die Eichen wuchsen, dass es eine Lust war. Die Hordengatter verfielen allmählich, aber die Eichen hatten es „geschafft" und waren den Rotwildäsern bereits entwachsen. Nun wollten – ja mussten – wir den Eichen etwas Luft verschaffen, weil sich dort auch der Besenginster und die Birke eingefunden und flächig zwischen den Eichen hochgeschoben hatten. Die neue Waldbauphilosophie erlaubte dies aber nicht mehr – allenfalls hätten wir noch die teilweise armdicken Ginsterstämmchen am Boden mit der Hand abknicken dürfen. Dabei aber streikten meine Waldarbeiter nach einer halben Stunde, und so haben sich die teuren Investitionen nicht so entwickeln können, wie es möglich gewesen wäre, hätten wir beizeiten mit Kulturmesser und Freischneidegerät regulierend eingreifen dürfen. Fehlt nur noch, dass man auch dafür noch das Wild verantwortlich macht ...

Vorbei die Zeiten, als wir noch bei überschaubaren Reviergrößen jeden Bestand kannten und bei allen waldbaulichen Entscheidungen das „eiserne Gesetz des Örtlichen" berücksichtigen konnten. Die deutsche Regulierungswut hat auch in der Forstverwaltung Einzug gehalten und den „Frontkämpfern" weitgehend ihre Entscheidungen „abgenommen". Vieles ist beziehungsweise wird von oben vorgegeben, über das wir einst noch selbst entscheiden konnten. Sogar das Prinzip der „Nachhaltigen Nutzung" scheint aufgegeben worden zu sein – die Absatzmöglichkeiten und die Holzpreise bestimmen heute die Fällungspläne: „Der Wald steht schwarz und „schweiget ...", oder sollte es besser heißen „leidet?"

Nach diesem Abstecher in die Probleme der Forstwirtschaft wieder zurück zur Jagd.

Ich weiß, dass die Pirsch eine bei vielen Jägern zumindest umstrittene Jagdart ist. Aber es kommt eben – wie bei vielen Dingen und nicht nur bei der Jagd – auf das „Wie" an. Die Nordseite meines alten Reviers Alf lag nahe dem Kurort Bad Bertrich und wurde naturgemäß häufig von Kurgästen, soweit diese noch mobil genug waren, durchwandert. Diese festen Wege nutzte auch ich häufig für morgendliche Pirschgänge, zumal die weiten Hänge zur Üß hin größtenteils mit mittelalten und älteren Buchen bestockt und daher Wild oft auf weite Entfernung bereits sichtbar war.

Eine solche Frühpirsch an einem Julimorgen in den achtziger Jahren ist mir besonders in Erinnerung geblieben. Ich pirschte mit meiner Hannoverschen Schweißhündin „Cosi" an meiner Seite den „Weg Nr. 81" mit gutem Wind und sehr langsam hangaufwärts, als mir als erster Wildanblick an diesem Morgen ein ganz guter Rehbock begegnete: Gabler, etwas über lauscherhoch, gut geperlt und nach Gehabe und Habitus keineswegs mehr ein Jüngling. Er zog langsam – hie und da etwas Sauerklee äsend – im Hang oberhalb von mir, als ihn meine Kugel ins

„Schau' in die Augen deines Hundes, und du wirst einen Blick in seine Seele tun." (N. N.) – Hannoversche Schweißhündin „Cosi"

Laub warf. Ich hatte ihn richtig angesprochen: mittelalt und ein – damals – klassischer IIb. Nachdem ich ihn aufgebrochen hatte, setzte ich meinen Pirschgang fort. Einen halben Kilometer weiter bummelten vor mir drei Stücke Kahlwild durch die Buchen: Alttier mit gutem Kalb und zugehörigem Schmaltier. Ich nahm Deckung hinter einer dickeren Buche, und als das Schmaltier scheibenbreit stand, setzte ich ihm die Kugel hinter die Blattschaufel. Offenbar hatte es sich aber im Schuss etwas nach vorne bewegt, denn es stürmte im Schuss mit tiefem Haupt talwärts, um sich dann nach etwa achtzig Gängen – noch in Sichtweite – zu überschlagen.

Cosi begleitete mich – wie alle meine Hannoverschen Schweißhunde – ohne Riemen und „frei bei Fuß". Und sie hatte gelernt – ebenso wie alle ihre Vorgänger und Nachfolger – sich ohne Kommando selbst abzulegen, wenn ich meine Gangart von „normalem Gehen" zu „vorsichtiger Pirsch" änderte. Sie hatte abgelegt alles mit dem Auge verfolgen können und stieß – als das Schmaltier fortstürmte – einen tiefen Seufzer aus. Wie gerne wäre sie wohl dem Stück gefolgt. Nach einer Zigarette stiegen wir den Hang hinab. Als wir den Anschuss erreicht hatten, war Cosi nicht mehr zu halten und jagte auf der noch verhältnismäßig frischen Fluchtfährte zum Stück. Die Kugel war etwas nach hinten verrutscht und saß auf der Leber. Schade, die war nun „Matsch" und nicht mehr verwertbar – nur Cosi freute sich.

Nach dem Versorgen des Stückes stiegen wir wieder nach oben und setzten unsere Pirsch fort. Aller guten Dinge sind ja bekanntlich drei – so hoffte ich jedenfalls –, und der Tag war ja noch sehr jung.

Der „Weg 81" mündete ziemlich weit oben in die „Neue Kondelstraße", und auf dieser schmalen Teerstraße wollte ich nun abwärts zum Auto pirschen. Das hatte ich dort abgestellt, wo unten im Tal der Weg 81 von der Neuen Kondelstraße abzweigt.

Wir waren vielleicht zwei Kilometer mehr marschiert als gepirscht, da entdeckte ich vier Überläufer, die oberhalb der Straße in einem Fichtenbaumholz im Gebräch standen. Was mochten sie dort im trockenen Fichten-Rohhumus wohl suchen? Ich wählte mir einen Baum zum Anstreichen und schoss auf den einzigen, der völlig breit stand. Vorher hatte ich mit dem Glas einwandfrei feststellen können, dass alle vier Keilerchen waren.

Er klagte kurz und kam den Hang abwärts auf uns zugewalkt. Jetzt allerdings verlor Cosi die Fassung, stürzte ihm lauthals entgegen und verbiss sich in ihm, so dass beide vor meinen Füßen im Straßengraben landeten.

Das Fassungsvermögen des Kofferraumes meines Autos war dieser morgendlichen Strecke allerdings nicht mehr gewachsen, und so musste ich einen Waldarbeiter mit Traktor und Hänger aktivieren, um die Strecke zu bergen und zum Wildhändler zu bringen.

Jahre vorher – ich durfte im Rahmen seiner Möglichkeiten im Revier meines Schwieger- und Hirschvaters Alfred Budenz (Revier Allenbach-Nord im Forstamt Kempfeld) auf Kahlwild und Sauen jagen. Und ich hatte ja noch kein eigenes jagdliches Reich – so war ich für diese Jagdgelegenheit sehr dankbar und machte auch fleißig davon Gebrauch.

An einem herrlichen Wintertag – es lagen etwa zwanzig Zentimeter Schnee – machte ich mich am frühen Nachmittag auf zu einem ausgedehnten Pirschgang auf der Südseite des Reviers Allenbach-Nord. Mein erster – damals noch sehr junger – Hannoverscher Schweißhund :I Fürst-Marthenberg 1433, genannt „Pascha", begleitete mich. Der Kahlwildabschuss war noch längst nicht erfüllt, so war jede Hilfe willkommen.

Zunächst steuerte ich die Abteilung 56 an. Dort wusste ich eine kleine Wildwiese mit einem Schirm. Ich hatte so eine Ahnung, dass sich bei dem herrlichen Sonnenschein und einer Temperatur um die Null Grad dort Wild zeigen könnte. Schon lange, bevor ich am Schirm angekommen war, sah ich auf der Wiese Rotwild stehen. Ich legte Pascha ab und kroch so leise, dass mir an meiner eigenen physischen Existenz erhebliche Zweifel kamen, in den Schirm hinein. Alles war gut gegangen, der Schnee verschluckt eben doch manches unvermeidliche Knacken kleiner Ästchen unter den Schuhsohlen. Einige Tiere mit ihren Kälbern ästen vor mir und auch zwei geringe Hirsche. Ich machte meine Büchse klar und erlegte ein schwaches Kalb. Der Knall der Büchse klang unnatürlich gedämpft – aber das ist bei geschlossener Schneedecke ja normal. Natürlich war die Bühne Sekunden später leer; ich ging rasch zum Kalb und brach es auf.

Das hatte ja gut angefangen. Ich holte meinen abgelegten Hund ab – Pascha bewindete mich vorwurfsvoll –, da wäre er auch gerne dabei gewesen.

In der benachbarten Abteilung 59 wusste ich ein Schneebruchloch, ebenfalls mit einem Ansitzschirm, dort würde ich mit gutem Wind hinkommen. Auch hier stand Rotwild in der Sonne. Ich war dem Schnee und seiner den Schuss dämpfenden Wirkung dankbar, denn ohne diesen Effekt hätten diese Stücke den nur wenige hundert Meter entfernten Knall eine halbe Stunde zuvor gewiss nicht ausgehalten.

Alttier, Kalb und Sechserhirsch standen hier und genossen die Wintersonne. Nachdem ich Pascha abgelegt hatte, suchte ich einen Baum zum Anstreichen. In den Schirm wäre ich nicht hinein gekommen, zu nahe stand das Wild. Im Knall brach das Kalb zusammen, die beiden anderen Stücke verließen langsam und zögernd die Fläche.

Als sie endlich eingezogen waren, brach ich auch dieses Kalb auf und verwitterte es mit Papiertaschentüchern gegen Füchse und Sauen.

Was jetzt? Der Nachmittag war noch sehr jung, und ich meinte, ich müsse es auch ausnutzen, wenn Diana mir offensichtlich so freundlich gesonnen war wie an diesem Tag.

Die lange Schneise in der Abteilung 62 war mein nächstes Ziel. Die aber war leer und blieb es auch noch in der nächsten Stunde. So langsam kroch mir der nachmittäglich-abendliche Frost nun doch in die Kleider, und ich machte mich auf den Heimweg.

Einen Umweg wollte ich aber doch noch machen: Unter mir lag das „Schwarze Bruch", ein großes, nur von Birken und Erlen bestocktes Moorgebiet. Hier hatte ich bei einer Nachsuche im Jahr zuvor den Sonnentau, eine Fleisch fressende Pflanze, eine botanische Kostbarkeit, gefunden. Im Sommer machte man besser einen großen Bogen um dieses Bruch. Man kam hier kaum durch, ohne tief in den Morast einzusinken. Jetzt aber, bei gefrorenem Boden, ging es ganz gut voran und vor allem auch leise.

Ich war nicht sonderlich vorsichtig und Pascha auch nicht, so war ich sehr überrascht, als ich plötzlich Rotwild vor uns stehen sah. Ein einzelnes Stück Kahlwild, das uns allerdings schon „weg" hatte. Es ließ mir aber Zeit, festzustellen, dass es eindeutig ein Schmaltier war, und als es sich langsam in Bewegung setzte, hatte ich meine Büchse schon an der Backe und wurde eine verantwortbare Kugel los. Das Stück stürmte mit tiefem Haupt los und brach nach wenigen Fluchten zusammen. Pascha verlor die Nerven, stürmte ebenfalls los – sehr zu meinem Missfallen – und nahm von „seinem" Stück Besitz. Hier konnte ich ihn noch zur Ordnung rufen, in späteren Jahren war das manchmal etwas problematischer. Gelegentlich verteidigte er das Stück auch mir gegenüber, vor allem nach Hetzen, Fremde duldete er grundsätzlich nur in einer Entfernung von mehr als zehn Metern zu „seinem" Stück.

Drei Stücke Kahlwild bei einem Pirschgang an einem Nachmittag. Zwei Hirschkälber (!) und ein Schmaltier. Mein Schwiegervater war sehr zufrieden mit mir.

Jahre später im „eigenen" Revier Alf-Staat im Kondelwald. Unser „Ober-Chef", Abteilungsdirektor Theo Harlfinger, hatte sich zur Blattzeit auf einen Rehbock angemeldet, und so bezogen wir an einem späten Nachmittag – es war in den ersten Augusttagen – die Kanzel in der Abteilung 49. Vor uns ein steiler, mit jungen, noch nicht „Reh deckenden" Douglasien bestockter Hang. Diese Kultur wurde hangabwärts begrenzt durch einen Weg, der in einen großen Wendeplatz mündete. Dieser selten benutzte Wendehammer war zur Hälfte mit hohem Adlerfarn bewachsen.

Meine zarten Blatt-Töne zeigten zunächst kein Ergebnis, so ließ ich den Buttolo erst einmal in der Jackentasche. Wir unterhielten uns über Gott und die Welt, da schob sich plötzlich am Wendehammer ein fahlgelber Bock mit eisgrauem Grind aus dem Farn. Kurze, knuffige Stangen und fraglos ein betagter Herr – aber es war für einen sicheren Schuss doch ein wenig weit. Also versuchte ich es mit zarten Schalmeienklängen auf dem Buttolo. Der Bock warf auf und verschwand eilig wieder im Farn. Dafür hatten wir beide ja nun gar keine Erklärung. Ich war ziemlich konsterniert. Nach zehn Minuten erschien unser Bock wieder und begann zu äsen. Ich blattete mit allem Charme, zu dem ich fähig war, wieder sprang der Bock nach dem ersten Ton mit einer einzigen Flucht rückwärts in den Farn.

So ging es also nicht. Unser Bock war gegenüber weiblichen – zumindest den dazugehörigen akustischen – Reizen immun oder gar allergisch.

Nach ein paar Minuten erschien er wieder, und jetzt machte sich Harlfinger doch fertig, unterbaute den Vorderschaft mit meiner Jacke und musste sich ziemlich verbiegen, um den sehr tief stehenden Bock in sein Zielfernrohr zu bekommen. Es knallte, der Bock fiel einfach um, schlegelte noch ein wenig und streckte sich dann.

Wir gingen zurück zum Auto und fuhren auf einem weiten Umweg zum Wendeplatz. Dort lag unser Bock mit einer sauberen Kugel und war längst verendet. Und er war alt – ja steinalt. Über sein merkwürdiges Verhalten haben wir natürlich noch lange philosophiert. Harlfinger vermutete, dass unser Methusalem altersbedingt den weiblichen „Anforderungen" beziehungsweise Erwartungen nicht mehr gewachsen und aus diesem Grund bei jedem Blatt-Ton in volle Deckung gegangen war ...

Dem Jäger klingt's wie Festgeläute,
wenn hundertfach das Echo hallt,
und wenn, der Koppel frei, die Meute
am Schwarzwild jagt im Winterwald.

HANS GRAF ZU MÜNSTER

Auf dem Drückjagdstand

Hundscheid

Ich habe meine Meinung zu den weiträumigen und sehr „modern" gewordenen Bewegungsjagden schon mehrfach dargelegt. Es gibt hervorragend organisierte Jagden mit guter und vor allem „richtiger" Strecke und leider auch solche, bei denen nichts stimmt, weder die Organisation noch die Qualität der Teilnehmer und erst recht nicht die Strecke.

Eindeutig zur ersten Kategorie gehören zwei Bewegungsjagden in einem hervorragenden Hochwildrevier im westlichen Hunsrück. Diese Jagden sind für mich immer Höhepunkte des Jagdjahres, und ich würde mich auch im Krankenwagen dorthin fahren lassen, wenn es mir mal sehr schlecht ginge. Im November 2007 ging es mir sehr schlecht, eine böse Grippe hatte mich erwischt. Ich fuhr trotzdem – und noch im eigenen Auto – dorthin. Mein Freund Michael, der Jagdherr, bemerkte dies bei der herzlichen Begrüßung und schickte mich sofort in die Wildkammer! Dort stand ein jagender Arzt mit einem Koffer voller Spritzen, von denen er mir eine (Kaliber 16/70) in den Hintern jagte. Eine halbe Stunde später waren ich und einige weitere grippegeschädigte Jagdteilnehmer, nachdem auch sie mit den gleichen Spritzen versorgt worden waren, wieder topfit! Was er uns gespritzt hatte, blieb sein Geheimnis, wohl ein „Cocktail nach Art des Hauses". Die Wirkung hielt an bis gegen Abend, dann allerdings meldete sich die Grippe zurück. Ich musste auf das Schüsseltreiben verzichten und lag früh erschöpft und schwitzend – aber glücklich über den erlebten Jagdtag – in meiner Koje.

Es war ein Jahr zuvor. An einem strahlend schönen Spätherbsttag trafen sich am frühen Morgen die erwartungsfrohen Jäger – man kannte sich bereits, da es doch fast immer die gleiche „Mannschaft" war beziehungsweise ist – wieder in Hundscheid. Nachdem die nach Konstitution und Schießfertigkeit des jeweiligen Jägers ausgesuchten Stände verteilt waren, fand ich mich wenig später unterhalb eines Eichen-Niederwaldhanges und etwas oberhalb eines Bachlaufs wieder. Das Treiben ging nach der Uhr, und es hatte bereits wenige Minuten nach dessen Beginn mehrfach geknallt, da wurde es im Niederwald lebendig. Ein mehrköpfiges Rotwildrudel trollte an mir vorbei – leider aber genau gegen den offenen Horizont. Ich nahm nicht einmal das Gewehr hoch. Das Leittier hatte wohl bei der Bekanntgabe der Kriterien durch den Jagdherrn gelauscht, und dieser hatte deutlich und unmissverständlich gesagt, dass immer ein Kugelfang in Form von „gewachsenem" Boden vorhanden sein müsse. Auch wenn er das nicht mit solchem Nachdruck gesagt hätte – es ist ja eine absolute Selbstverständlichkeit.

Wenig später wieder Tier und Kalb – und ebenfalls genau auf der Geländerippe und gegen den hellen Horizont. Eine halbe Stunde weiter ein einzelnes Muffelschaf. Wo kam es? Natürlich auch auf der Rippe gegen den Horizont.

Links von mir tobten einige Terrier in einer von mir nicht einsehbaren Senke. Das hörte sich sehr nach Sau an. Und dann kam sie schon: ein guter Überläuferkeiler, recht behäbig und umtanzt von drei oder vier Terriern. Ich hatte zunächst den Eindruck, die Sau könnte krank sein. Sie war sehr langsam und hatte einen mächtigen Zorn auf die Hunde, nach denen sie ständig schlug und diese so auf Trab brachte. Der nette Überläufer kam – Gott sei Dank – recht tief im Hang, und so hatte ich absoluten Kugelfang. Ich musste nur einen Moment abpassen, an dem kein Hund in gefährdeter Nähe war. Der Überläufer drehte sich mal wieder im Kreis und schlug die Meute ab – da setzte ich ihm die Kugel aufs Blatt. Er lag im Knall, schlegelte noch ein wenig und war verendet.

Nach Ende dieses Treibens untersuchte ich akribisch den erlegten Überläufer: Er hatte nur eine einzige Kugel, und die saß auf dem Blatt und war eindeutig von mir.

Zweites Treiben am Nachmittag. Mein Stand war ein offener Hochsitz an einer großen, mit Farn bewachsenen Fläche, hinter mir ein schon recht durchsichtiges, noch jüngeres Eichenbaumholz. Kurz nach Beginn des Treibens rauschte es mächtig hinter mir im Holz: Ein vielköpfiges Kahlwildrudel trollte im dichten Pulk durch die Eichen. Das einzige Stück, das ich hätte beschießen können, ohne einfach so ins volle Rudel hinein zu schießen („Paketschuss" nennen die „Fachleute" so etwas), war ein hinter dem Rudel herflüchtender geringer Spießer. Der war aber tabu, Hirsche und Widder jedweden Alters waren nicht freigegeben.

Zehn Minuten später und schön hintereinander: Alttier, Kalb und Sechser. Im Knall brach das Kalb zusammen – ich hatte in den Knall hinein repetiert und versuchte, noch eine Kugel auf das Tier los zu werden. Das aber hatte mächtig Geschwindigkeit zugelegt und stürmte, aus meiner Position halbspitz von hinten, auf die Freifläche. Der Hirsch hatte ebenfalls erheblich Fahrt aufgenommen und deckte nunmehr das Tier ab. So ging es also nicht, und als das Tier auf der Fläche für einen Moment verhoffte, waren es bis dahin schon mindestens 150 Meter. Ich bin alles andere als ein Kunst- oder Weitschütze, und so sicherte ich meinen Stutzen und stellte ihn in die Hochsitzecke.

Als nächstes kam in höllischer Fahrt ein einzelnes Alttier auf demselben Wechsel. Ich wartete auf das dem Tier sicher folgende Kalb, aber es kam (zunächst) keins.

Es hatte um mich herum munter geknallt, da näherte sich nach einer Pfeifenlänge wieder Hundegeläut. Auf dem mir ja schon bestens bekannten Hauptwechsel hinter mir in den Eichen kam im langsamen Troll ein einzelnes Kalb. Das Rotpunkt-Absehen stand schon auf dem Blatt, da kippte das Kalb ohne jede „Einwirkung" meinerseits einfach um. Ich war perplex! Dicht dahinter kamen die Hunde, und ich hatte einige akustische Mühe, die Hunde vom „Selbst-Genossen-Machen" abzuhalten.

Als das Treiben zu Ende war, ging ich rasch zu dem von den Hunden doch schon arg zerfledderten schwachen Kalb. Es hatte eine Kugel weidwund.

Wie sich später heraus stellte, hatte mein Nachbar eine Dublette auf Kalb und Alttier versucht, das Kalb getroffen und das Tier vorbei geschossen. Das hatte in schneller Flucht die dortige Bühne verlassen, um bei mir immer noch hochflüchtig anzukommen. Die Hunde waren wohl – auf den warmen Fährten jagend – auf das im Wundbett sitzende Kalb gestoßen und hatten es aufgemüdet; das Kalb war gerade noch bis hinter meinem Stand gekommen, bevor sein Lebenslicht erlosch.

Vorsichtshalber gingen wir die Wundfährte des Kalbes vom Anschuss weg aus, um absolute Klarheit zu haben. Wir kamen mit guter Schweißkontrolle dort an, wo das Kalb zusammengebrochen war.

Enkirch

Der Jagdbezirk Enkirch an der Mittelmosel ist ein wunderschönes, jagdlich ungemein reizvolles Hochwildrevier mit gutem Rot- und noch besserem Schwarzwildbestand. In diesem Revier machte ich im Jahre 1973 meine erste Nachsuche mit meinem damaligen Hannoverschen Schweißhund „Balda" nach meiner Versetzung an die Mosel. Seitdem verbindet mich mit den Pächtern eine herzliche Freundschaft. Ich werde auch heute noch zu allen Jagden eingeladen, obwohl meine aktive Schweißhundführertätigkeit altersbedingt schon lange beendet ist. Diese Einladungen sind keineswegs selbstverständlich! Es gab auch Jagdpächter, die mich sofort von ihrer Gästeliste strichen, als ich ihnen mitteilte, dass ich keinen Schweißhund mehr führte, und sie sich bei Bedarf an meinen Nachfolger (als Schweißhundführer) Michael Ries wenden sollten.

Die Enkircher Jagdpächter „Hennes" Strunk für den Jagdbogen Ia, Thomas Caspari für Enkirch II und die Brüder Man-

„Begrüßung" in Enkirch

fred und Dr. Norbert Nelgen für das Teilrevier Ib sind untereinander sehr befreundet und laden seit Menschengedenken zu ihrer mittlerweile zur Tradition gewordenen „Drei-Tage-Jagd" ein. In den Revieren Ib und II wird an einem Tag in Form je eines Großtreibens gejagt, nur im Strunk-Revier (Ia) werden am zweiten Jagdtag zwei Treiben durchgeführt.

Es war im November, und mein Enkel Moritz begleitete mich am zweiten Jagdtag. Strahlend blauer Himmel und knackiger Frost – was will man mehr? Unser Stand lag in einem weiten Buchenbestand, das gefrorene Laub kündigte anwechselndes Wild bereits von weitem an. Als Erstes kamen zwei Überläufer – und sie waren so nett, auf etwa 80 Gänge zu verhoffen. Das hätten sie nicht tun sollen, denn das kostete einem von ihnen das Leben. Der Überlebende kam dann hochflüchtig meinem Nachbarn, der wurde aber leider nicht auf diese Turbo-Sau fertig.

Als nächstes kamen Hirsche – dreizehn konnten wir zählen. Sie passierten unseren Stand auf weniger als dreißig Gänge im hohen Holz – es war alles dabei: starke Kronenhirsche, ein sehr begehrenswerter starkstangiger Eissproßenzehner, einige Achter und Sechser und auch ein langstangiger Jährlings-Spießer. Moritz und auch ich waren „hin und weg". Einige Rehe und ein einzelnes Alttier vertrieben uns dann noch die Zeit bis zum Ende dieses Jagdtages.

Am dritten Jagdtag habe ich seit vielen Jahren einen Spezialstand. Er liegt etwas außerhalb des eigentlichen Treibens an einem felsigen Steilhang, der locker mit Eichen-Niederwald bestockt ist. Das Schussfeld ist dadurch eingeschränkt, dass man nicht talabwärts schießen darf, weil im Talgrund – nicht sicht-, aber von einer Kugel durchaus erreichbar – ebenfalls Schützen stehen. Moritz war wieder mit von der Partie. Wenn es die Schule und die Fußballtermine zulassen, lässt er keine Jagd aus.

Der forstliche Revierleiter, Wilhelm Simon, der an diesem dritten Jagdtag immer die Hundeführerriege führt, kommt jedes Mal etwa zur Mitte des Treibens mich beziehungsweise uns besuchen. Dann nimmt er dankbar eine Tasse Kaffee oder eine

Hühnerbrühe aus der Thermoskanne unter der zwingenden Auflage, uns als Gegenleistung in der zweiten Halbzeit – wenn vorher noch nichts passiert sein sollte – eine Sau oder ein passenden Stück Rotwild zu „schicken".

Das Treiben näherte sich seinem Ende, und Wilhelm schien diesmal nicht Wort gehalten zu haben. Moritz und ich überlegten bereits schmerzhafte Sanktionen. Da fielen noch mehrere Schüsse oberhalb von uns und überriegelt und von dort kam, nicht sehr schnell, ein Rotspießer. Seine Spieße waren an der Grenze der Freigabe – die hatte „etwa Hut-hoch" geheißen. Er hatte den Äser weit offen – war also entweder krank oder aber sehr abgehetzt. Nun hat man ja in einer solchen Situation nicht alle Zeit der Welt, und so entschloss ich mich blitzschnell, ihn zu erlegen. Er quittierte die 9,3 x 62 mit einer Hochflucht und brach nach einigen Fluchten zusammen – um dann noch ein beträchtliches Stück den Steilhang hinab zu walken.

Die Spieße waren so hoch wie ein Zylinder – aber der Zylinder ist ja zweifelsfrei auch ein Hut.

Moritz am „zylinderhohen" Rotspießer

Kollege Wilhelm Simon holt sich seine Suppe ab

Ein Jahr zuvor, dasselbe Revier, derselbe Stand:
Moritz und ich warteten wieder auf das von Wilhelm versprochene Wild – seine Suppe hatte er sich heute schon geholt –, und das Treiben war schon weit in der zweiten Hälfte. Da kam von außerhalb des Treibens eine mittelstarke Sau – allein und mit deutlich erkennbarem Pinsel. Hätte mich Moritz nicht schon recht früh auf diese Überraschung aufmerksam gemacht, ich hätte den Überläufer wohl glatt verpennt. Er kam zwar auch unterhalb unseres Standes, gewann aber dann etwas Höhe, und ich hatte auf seinen letzten 30 Metern vor Erreichen der Dickung wieder Kugelfang. Als hinter dem Überläufer wieder Boden auftauchte, ließ ich fliegen. Er überschlug sich und rutschte talwärts. Es brauchte noch einen weiteren Schuss, bis er verendet an einer Windwurfeiche hängen blieb. Wilhelm hatte mal wieder Wort gehalten.

Zwei Jahre später an gleicher Stelle:
Diesmal kam zehn Minuten vor Ende des Treibens eine etwa 35 Kilogramm schwere Sau aus der Dickung – also mit Kugelfang dahinter. Mein erster, etwas überhastet abgegebener Schuss ging daneben, aber der zweite Schuss fasste. Die Sau klagte und drehte sich einmal um die eigene Achse. Moritz und ich waren uns sicher, auf der Ausschuss-Seite ausgetretenes Gescheide gesehen zu haben.

Am Anschuss Schweiß und ebenso auf der sich im Dämmern einer Dickung verlierenden Wundfährte. – Nachsuche am nächsten Morgen. Ein junger Schweißhundführer mit einer ebenfalls noch recht jungen Hannoverschen Schweißhündin mühte sich auf der Wundfährte, die offenbar nicht sehr viel Wittrung hergab. Wir kamen mit abnehmender Schweißkontrolle etwa zwei Kilometer weit, dann war die Hündin mit ihrem Latein vorerst am Ende. Ich war dennoch von dem Bemühen dieser jungen Hannoveranerin beeindruckt, die Fährte voran zu bringen.

Schließlich übernahm Michael Ries mit seinem wesentlich erfahreneren Hannoverschen Schweißhundrüden „Artus" die Weiterarbeit. Beide hatten bis dahin bereits zwei am Vortag angeschweißte Sauen zur Strecke gebracht. Michael und Artus arbeiteten durch einen Bach und dann in den Gegenhang. In einer kleinen Dickung hatte auch der Rüde erhebliche Probleme, so dass Michael beschloss, diese Dickung zu umschlagen und den Hund „vorhin"-suchen zu lassen. Artus fiel auch eine Fährte an, und wenig später standen beide vor einem mit Weidwundschuss dort verendeten, etwa 15 Kilogramm schweren Frischling. Wir standen vor einem Rätsel. So konnte ich mich einfach nicht getäuscht haben – zwischen (angesprochenen) ca. 35 Kilogramm und 15 Kilogramm ist ja doch ein optisch gewaltiger Unterschied. Auch ein Zurückgreifen auf der Wundfährte mit Artus brachte uns nicht weiter.

Zurück blieb ein großes und ungelöstes Rätsel ...

Forstamt Zell

Im Forstamt Zell an der Mittelmosel arbeiten als Revierleiter zwei Forstkollegen, mit denen ich durch die Schweißhundführung besonders verbunden bin. Im Hunsrückteil ist das Peter Kleinz, in der Eifel Gerd Klees. Sowie einer der beiden bei einer forstamtlichen Bewegungsjagd einen persönlichen Gast mitbringen kann, darf ich dort mit einer Einladung rechnen.

Es sind das mittlerweile nahezu die einzigen und letzten Staatsjagdreviere, in denen ich noch meine Büchse führen darf. Meine zugegebenermaßen bisweilen laut und deutlich artikulierte Kritik an den Praktiken und Strategien in den meisten staatlichen Regiejagden führte zu einem Boykott – im Klartext: Ich werde nicht mehr eingeladen.

Das hat zunächst sehr wehgetan – aber heute bin ich fast dankbar für diese Entscheidung der örtlichen und überörtlichen staatlich-jagdlichen „Heeresleitung". Ich muss mich nicht mehr an dem Feldzug gegen das Rotwild beteiligen und muss auch mit meiner Kritik nicht mehr hinter dem Berg halten. – „Ist der Ruf erst ruiniert, lebt sich's gänzlich ungeniert ..."

Peter gehört noch zu der aussterbenden Kategorie von Forstleuten, die Wald und Wild noch als eine Einheit und das Wild nicht nur als Schadenverursacher sehen. Er ist ein sehr passionierter Schweißhundführer, und da er nebenher noch jede Menge Sport treibt, ein unglaublich zäher Bursche. Wenn der mal eine Nachsuche aufgibt, dann sind alle übrigen Nachsuchenteilnehmer bereits lange technisch KO.

Bewegungsjagd in seinem Revier Tellig-Staat. Ich wurde auf einem schmalen Hangweg postiert, oberhalb lockerer, mit Felspartien durchsetzter Eichen-Niederwald, unterhalb ein älterer Nadel-Laubholz-Mischbestand. Im Talgrund eine kleine vernässte Wiese, von dichten Schwarzdornhecken sozusagen eingerahmt. Zunächst kam ein einzelner Rotspießer oberhalb meines Standes durch den Niederwald. Aber Hirsche waren nicht frei, obwohl er sowohl an Statur wie auch „Geweihchen" sehr untermaßig war.

Im Rotwildring Zell scheint der Bestand aus dem Ruder gelaufen zu sein – so jedenfalls die offizielle Darstellung. Von forstlicher Seite wird vermutet, dass die Rotwild-Dichte im Bewirtschaftungsgebiet etwa viermal höher ist als gesetzlich erlaubt. Die Ziviljäger sehen das teilweise etwas anders. Fakt ist jedoch, dass in den Revieren um Zell kein Mangel an Rotwild herrscht ...

Da der Staatswald in diesem Raum nur eine marginale Rolle spielt, wird sich an der jetzigen Situation wohl nicht sehr viel ändern. Auf ein paar hundert Hektaren kann man eben nicht wirkungsvoll den Gesamtbestand auf vielen tausend Hektaren reduzieren.

Es hatte recht munter geknallt, nur bei mir tat sich zunächst weiter nichts mehr. Wenige Minuten vor Ende der nach der Uhr laufenden Jagd tauchten plötzlich auf dem kleinen Wieschen ein halbes Dutzend Sauen auf, vier starke Frischlinge und zwei Überläufer. Auf einen Frischling wurde ich noch eine Kugel los, ehe auch er im Schwarzdorn untertauchen wollte. Ein optisches oder akustisches Zeichnen hatte ich nicht sehen beziehungsweise hören können. Einige Schüsse fielen noch, dann war das Ende dieser Jagd „durch Zeitablauf" erreicht.

Ich packte meine Sachen zusammen und rutschte den Hang abwärts zum Anschuss. Einige wenige Wildbretschweiß-Tropfen markierten den Anschuss, im dürren Gras fand ich auch keine Schnittborsten und – Gott sei Dank – auch keine Knochensplitter.

Seit meine letzte Hannoversche Schweißhündin Afra in die ewigen Jagdgründe übergewechselt ist, komme ich mir in solchen Situationen stets wie „amputiert" vor. Bei weit über 1000 Nachsuchen auf Rot-, Schwarz- und Muffelwild war ich in 40 Jahren aktiver Schweißhundführung mit meinen Hannoveranern Helfer in (manchmal) letzter Not, jetzt brauchte ich selbst diese Hilfe.

Peter selbst war am Folgetag mit anderen Nachsuchen bereits voll ausgebucht, wie ich am Streckenplatz erfahren musste. Aber ein anderer Schweißhundführer-Kollege aus dem nahen Soonwald sagte seine Hilfe zu.

So nahm am nächsten Morgen Hartmut Fronweiler mit seinem kräftigen, dunkel gestromten Hannoverschen Schweißhundrüden am Anschuss die Fährte auf, und der Hund führte zielstrebig in weiten Serpentinen hangaufwärts, immer mal wieder spärlichen Schweiß verweisend. Schließlich kamen wir nach knappen zwei Kilometern auf ein Hochplateau, bestockt mit älteren Eichen. Hier begann der Rüde Bogen zu schlagen, er brachte die Fährte aber nicht weiter. Mehr zufällig entdeckte ich an einer Eiche einen Schützenstand vom Vortag. Mir dämmerte, dass dieser Jägersmann möglicherweise „meine" Sau hier erlegt hatte. Und so war es auch. Beim x-ten Bogen des Rüden fanden wir auch eine Stelle mit deutlich mehr Schweiß, als wir bisher im gesamten Fährtenverlauf gefunden hatten. Und eine Schleifspur zum nächsten Weg war auch im nassen Fallaub zu erkennen.

„Inquisitorische" Recherchen ergaben, dass unsere Vermutung richtig war. Die meisten Sauen der Strecke waren jedoch bereits verkauft – es war Vorweihnachtszeit, und in dieser Zeit ist Wildbret ja sehr begehrt –, so konnten wir nicht mehr feststellen, was meine Kugel auf dem armen Frischling angerichtet hatte.

Ein Jahr später erlebte ich bei Gerd in seinem Revier Ulmen das genaue Gegenteil. In einer etwas lückigen Dickung – ich stand draußen im hohen Holz – wechselte mich nach einer mittleren Kanonade aus deren Richtung ein Überläufer an. Am Rand der Dickung konnte ich auf einer dieser Lücken meine 9,3 x 62 der verhoffenden Sau auf das Blatt setzen. Sie war im Knall verendet.

Beim Aufbrechen entdeckte ich einen frischen Streifschuss am Stich (Brustbein) unmittelbar hinter den Vorderläufen.

Später – am Streckenplatz – hörte ich zufällig, wie ein Jäger erzählte, er hätte einen Überläufer beschossen. Auf dem Anschuss habe er etwas Schweiß und einen kleinen Schwartenfetzen gefunden. Mit Hilfe eines ortkundigen Jagdteilnehmers rekonstruierten wir Zeitabläufe, Fluchtrichtung der Sau und die

Lage der Stände zueinander – es war eindeutig, dass ich diesen von ihm „angekratzten" Überläufer erlegt hatte.

Wiederum Jahre später. Peter Kleinz hatte mich zu einer revierübergreifenden Bewegungsjagd eingeladen. Der Forstamtsleiter Lorscheider beklagte in seiner Begrüßungsansprache den immer noch viel zu hohen Rotwildbestand und das „Mauern" einiger Jagdpächter, was die – aus seiner Sicht notwendige – Reduktion bislang verhindert habe. Auch das „Waldbauliche Gutachten" erzwinge entsprechende Maßnahmen. Dennoch war seine Rotwild-Freigabe für diesen Jagdtag durchaus tierschutzkonform: Kälber und Schmaltiere sollten vorrangig geschossen werden, führende Alttiere und Hirsche waren absolut tabu. Da schon etliche Kälber erlegt waren, sollten einzeln anwechselnde Alttiere erlegt werden können.

Mein Stand lag in einem lockeren Eichen-Niederwaldhang, und da es knackig gefroren war, musste man anwechselndes Wild schon von weitem hören. Zumindest würde Enkel Moritz, der mich auch bei dieser Jagd begleitete, schon früh mit seinen Luchsohren auf solche Geräusche aufmerksam machen.

Es war zur Halbzeit des dreistündigen und sehr kalten Treibens, als wir das typische „Trappeln" trollenden Wildes im gefrorenen Laub unter uns im Hang hörten. Und da kamen sie auch schon wie an der Perlenschnur gezogen: drei Alttiere mit ihren Kälbern und – mit kleinem Abstand hinterher – ein einzelnes schwächeres Stück (Schmaltier oder geringes Alttier). Die Stücke wirkten sehr vertraut, kein Hund war auf ihren Fährten gefolgt oder auch nur zu hören. Da einige geladene Hundeführer für diese Jagd kurzfristig abgesagt hatten (Forstamts- und Revierleiter waren ziemlich erbost darüber), konnte das anwechselnde Rudel gar nicht gesprengt oder auseinander gejagt worden sein. Natürlich wollte ich versuchen, das Kalb des zweiten oder des dritten Tieres zu erlegen, ich hatte aber talwärts nur auf einer relativ kurzen Strecke einen sicheren Kugelfang. Dorthin musste ich die Stücke kommen lassen. Wenige Schritte vor diesem Kugelfang bekam das Leittier offensichtlich eine Mütze voll Wind von uns und verhoffte abrupt. Dadurch schob sich das Rudel wie der Balg einer Ziehharmonika zusammen, nur das letzte Stück blieb hinter dem Rudel stehen.

Nun wurde das Rudel flüchtig, aber es war keines der Kälber ohne Gefährdung anderer Stücke in der „Kugelfang-Schluppe" zu beschießen. Ich traf nun eine Blitzentscheidung: Die drei Alttiere hatten ihre Kälber dabei, das hatten wir beim Anwechseln des Rudels deutlich sehen können. Das dem Rudel folgende letzte Stück musste entweder ein Schmaltier oder aber ein nicht oder nicht mehr führendes Tier sein. So entschloss ich mich zum Schuss auf diesen Nachzügler. Das Stück zeichnete mit einer hohen Flucht und gleichzeitigem Auskeilen mit beiden Hinterläufen. Nach kurzer Strecke war das Rotwild unseren Blicken entschwunden.

Ich hatte gerade repetiert, da kamen dreißig Gänge tiefer drei mittlere Sauen, auf die ich aber einfach nicht mehr fertig wurde. Sie waren in der Geräuschkulisse des Rotwildes angewechselt – wären sie früher oder später und allein gekommen, es hätte sicher noch mit einem Schweinchen geklappt. Gegen Ende des Treibens besuchte uns dann noch ein armlanger Schmalspießer.

Nach Ende des Treibens rutschten wir auf dem gefrorenen Laub zum Anschuss, auf dem wir zunächst nichts fanden. Aber wenige Schritte weiter lag in der Wund-/Rudelfährte reichlich Schweiß (ziemlich hellrot, aber gefrorener Schweiß sieht ja immer wie Lungenschweiß aus) auf der Ein- und der Ausschussseite. Da wir auf den nächsten achtzig Metern im hohen Holz das Stück nicht liegen sahen, verbrachen wir den Anschuss und den ersten Schweiß mit weißen Papiertaschentüchern und krabbelten wieder hangaufwärts.

An der Zeller Jagdhütte trafen wir dann den Forstamtsleiter und auch Peter Kleinz, denen ich alles haarklein berichtete. Peter wollte mit seinem Hannoverschen Schweißhund das Stück nachsuchen, sobald er alles übrige erlegte Wild geborgen hätte. Aber dazu kam es nicht mehr. Peter musste, um Sauen zu bergen, einen Talweg fahren, der unter unserem Stand am Bach entlang führte. Und dort lag – sehr bergefreundlich auf diesem Weg – mein längst verendetes Stück. Es war ein sehr altes Alttier, dessen Spinne klar auswies, dass dieselbe schon lange nicht mehr „genutzt" worden war.

Ich hatte offensichtlich alles richtig gemacht. Nicht auszudenken, wenn es doch ein führendes Stück gewesen wäre. In den neunzig Minuten zwischen Schuss und Ende des Treibens waren mir doch arge Bedenken gekommen, wozu auch die kritischen Kommentare von Moritz mit beigetragen hatten.

Weidberg

Das Forstgut Weidberg liegt im westlichen Hunsrück, zwanzig Autominuten südwestlich von Trier. Es gehört Rolf Kautz, seit Jahrzehnten Kreisjagdmeister (man kann sich an seine Amtsvorgänger schon kaum noch erinnern) und erfolgreicher Unternehmer. Dieses Waldgut hat er vor vielen Jahren kaufen und dort seinen Traum verwirklichen können: ein wunderschönes – wenn auch kleines – Rot- und Muffelwildrevier mit Sauen und (natürlich) Rehwild. Hier kann er ohne Rücksicht auf andere Wald- und Feldbesitzer schalten und walten, wie er es für richtig hält.

Rolf und ich lernten uns Ende der fünfziger Jahre des vorigen Jahrhunderts kennen, verloren uns dann aber in den Folgejahrzehnten etwas aus den Augen. Erst als ich für die PIRSCH ein Interview mit den drei Initiatoren (zu denen Rolf natürlich gehörte) des Lebensraum-Modellprojekts Osburg-Saar machte, trafen wir uns wieder.

Seitdem werde ich dort zu allen jagdlichen Aktivitäten eingeladen und freue mich jedes Mal sehr darüber. In seinem Jagdhaus – er hat eine frühere Scheune als gemütliche Halle ausgebaut – verlebten wir schon viele schöne Stunden „im Schatten" starker Trophäen vieler Wildarten, aus Weidberg natürlich, aber auch aus vielen Regionen dieser nicht mehr ganz so schönen Erde.

Zu einer, maximal zwei Bewegungsjagden (je nach Stand der Abschusserfüllung) lädt Rolf alljährlich ein. Die Stände sind mit Akribie ausgesucht, und nur wenige Treiber/Hundeführer beunruhigen die vielen mehr oder weniger großen Dickungen. Ich bin erst relativ selten dort zu Schuss gekommen, hatte aber immer wunderbare optische und atmosphärische Erlebnisse. Ich kann mich an keine Jagd erinnern, bei der mir nicht mehrere Hirsche und/oder Muffelwidder in Anblick kamen.

Vor ein paar Jahren stand ich in einem ziemlich steilen, mit durchgewachsenem Niederwald bestockten Hang. Hangabwärts konnte ich wegen meiner dortigen „Nachbarn" nicht schießen und steil hangaufwärts aus demselben Grund auch nicht. Hinter mir ging es wegen des dort fehlenden Kugelfangs auch nur auf kurze Entfernung, aber vor mir war eine Mulde. Dort sollte es klappen, wenn das Wild diese Senke denn passieren würde.

Als erstes Wild kam genau in dieser Mulde ein braver mittelalter Widder mit einem – vermutlich – Schmalschaf. Die Muffel standen voll in der Brunft, es sah ganz danach aus, als hätten diese beiden von der Jagd überhaupt noch nichts mitbekommen. Der Widder bedrängte das Schaf dermaßen, dass ein Schuss auf dieses nicht möglich war, ohne nicht auch ihn zu gefährden. Auf den „Aufschrei" eines Hundes, der wohl in der Nähe auf Wild oder dessen frische Wittrung gestoßen war, flüchteten beide „aus dem Stand" dorthin, woher sie gekommen waren.

Als Nächster kam ein mittlerer Hirsch, schon abgehetzt mit offenem Äser und fliegenden Flanken.

Nach einer längeren Pause plötzlich von hinten im Laub die typischen Geräusche einer heran flüchtenden Sau: ein Überläufer. Der hatte es sehr eilig. Ich verhaspelte mich irgendwie und schoss ihn sauber vorbei. Er legte daraufhin noch einen Gang zu.

Die Jagd neigte sich schon ihrem Ende zu, als – wieder von hinten – zwei starke Frischlinge anwechselten, im verhaltenen „Schweinegalopp" und oberhalb meines Standes und dort auch noch mit ausreichendem Kugelfang und ohne Gefährdung meines Nachbarn. Ich war noch über meinen Fehlschuss auf den Überläufer erheblich sauer, sah aber jetzt die Chance, die Scharte wieder auszuwetzen. Im Knall brach der erste Frischling zusammen und walkte mir bis fast vor die Füße. Der zweite änderte daraufhin seine Fluchtrichtung und verschwand hangaufwärts in einer lockeren Dickung. Er zeigte mir nur noch seine Keulen.

Sylvesterjagd im sehr kleinen Kreis. Rolf selbst betätigte sich mit einigen wenigen Helfern als Treiber. Moritz war mit von der Partie, und wir hatten unseren Stand an einem mit Überhältern noch locker bestockten Hang. Vor uns war eine kleine Dickung, in die die Treiber mit Rolf und Hunden gerade eingedrungen waren. Da wuselte ein einzelner Frischling zwischen meinem Nachbarschützen hangabwärts und uns über den Schlag. Mein Nachbar schoss mehrfach ohne sichtbares Ergebnis – und als der Frosch schon längst auf der offenen Fläche war, probierte ich es auch noch. Die Sau klagte und schob sich nach wenigen krampfhaften Fluchten in einen der Reiserwälle ein.

Minuten später kamen auch die Treiber, wir wiesen sie von oben ein, und sie fanden das Wutzchen, das allerdings noch lebte. Da auch einer von ihnen noch zwei Fangschüsse antrug, war im Nachhinein nicht mehr feststellbar, wer denn nun den ersten tödlichen Schuss auf den Frischling abgegeben hatte. Mein Nachbar freute sich aber so über seine Sau, dass wir auf eine genaue Untersuchung derselben verzichteten und sie ihm zusprachen, obwohl Moritz mit dem Trotz der Jugend darauf bestehen wollte, dass dieses Wutzchen wohl zweifelsfrei von seinem Opa erlegt worden sei! – Ich hatte einige Mühe, ihn ruhig zu stellen.

In einem Lokal, wo wir den Vormittag ausklingen ließen, bestellte er sich dann ein Schnitzel XXL, womit er seine Nerven wieder beruhigte.

Minderlittgen

Das kleine Eifeldörfchen Minderlittgen liegt knappe zehn Kilometer nordwestlich von Wittlich. Das zugehörige Jagdrevier ist geprägt durch teilweise extreme Steilhänge zur Lieser, einem kleinen Eifelflüsschen. Rotwild gibt es hier nicht, dafür in den vergangenen zwanzig Jahren zunehmend Sauen. Auch starke Rehböcke sind in diesem Revier schon gestreckt worden.

Im Herbst eines jeden Jahres wird hier einmal in Form einer Bewegungs-/Treibjagd auf Sauen gejagt. Seit Jahrzehnten freue ich mich, wenn ich die Einladung dazu aus dem Briefkasten holen kann. Die jährlichen Schwarzwildstrecken bei dieser einen Bewegungsjagd schwanken naturgemäß ziemlich, sie bewegen sich meist so zwischen zwanzig und vierzig Sauen.

Es ist schon ein paar Jahre her – und es war das erste Mal, dass mein Enkel Moritz mich auf dem Stand begleitete. Unser Stand lag unterhalb einer Dickung im hohen Holz – einer bunten Mischung aus Buchen, Fichten, Eichen und Kiefern –, und auf der entgegen gesetzten Seite befand sich auch eine Dickung. Wir konnten also damit rechnen, dass, sollten in einer dieser beiden Dickungen Sauen stecken, diese vor den Hunden „auf kurzem Weg" die nächste Dickung ansteuern würden. Dabei müssten sie dann unseren Stand in guter Schussentfernung passieren.

Meistens funktionieren ja solche Voraus-Überlegungen nicht. Entweder spielt das Wild nicht mit, weil der Wind nicht passt, oder man hat dort, wo die Sauen kommen, keinen Kugelfang, oder im entscheidenden Augenblick bewegen sich Treiber im Schussfeld. Wie immer, wenn mir ein neuer, bis dahin unbekannter Stand zugewiesen wurde, legte ich für mich erst einmal fest, wohin ich unbesorgt würde schießen können – und wohin nicht.

Es war gegen Mitte des Treibens, als ein Hund in der oberhalb unseres Standes liegenden Dickung giftig Laut gab. Schnell schlugen sich ihm einige andere Hunde bei, und es entwickelte sich ein giftiger Keif – das konnten nur Sauen – oder eine einzelne stärkere Sau – sein. Die Treiber schrieen, als hingen sie alle am Spieß, da ging der Standlaut der Hunde in Hetzlaut über. Sekunden später trollte, erstaunlich langsam, eine stärkere Sau halbspitz auf unseren Stand zu. Trotz der etwas ungünstigen Position konnte ich den Pinsel erkennen und wurde in dem Moment, als das Keilerchen einen Rückeweg überquerte, die Kugel los. Die Sau quittierte deutlich den Schuss, ich konnte sie noch ein zweites Mal im angrenzenden Altholz beschießen. Ich glaubte, im oder unmittelbar nach dem zweiten Schuss die Läufe der Sau in der Luft gesehen zu haben. Moritz bestätigte meine Beobachtung.

Die Hunde hatten sich wohl in der Dickung „verhaspelt", sie kamen jedenfalls erst mit deutlicher Verspätung auf der Saufährte an und verstummten dort, wo ich meinen zweiten Schuss losgeworden war.

Nach dem Treiben fanden wir unsere Sau sofort, es war ein zweijähriger, an Wildbret recht starker Keiler. In „normalen" Zeiten wäre das ein Fehlabschuss gewesen, und ich hätte mir auch diesen Schuss verkniffen – damals aber grassierte die Schweinepest in unserem Raum. Der Jagdherr hatte aus diesem Grund dringend darum gebeten, zur Absenkung der Schwarzwildpopulation jede Sau, deren Erlegung verantwortbar war, zu schießen. Natürlich waren auch bei dieser Jagd Bachen mit abhängigen Frischlingen tabu, aber alle anderen Sauen sollten bei sich bietender Gelegenheit erlegt werden.

Ein Jahr später – mein Stand war nahe an der Hochwasser führenden und daher sehr lauten Lieser, oberhalb erstreckte sich ein weiträumiges und bereits etwas „durchlöchertes" Fichtenaltholz mit einigen felsigen Partien. Zweimal sahen Moritz und ich einzelne Sauen in den Felsen, aber weit jenseits einer verantwortbaren Schussentfernung wie Gams herum turnen. Die dritte Sau, ein starker Frischling, kletterte die Felsen abwärts auf uns zu, verschwand dann aber in einer kleinen Mulde rechts von uns in den hohen Fichten. Sekunden später stieß mir Moritz in die Rippen, die Sau war sehr gedeckt und für uns zunächst unsichtbar durch die Mulde bereits auf weniger als fünfzig Gänge heran gekommen. Ich versuchte noch, fertig zu werden, da hatte das Wutzchen schon abgedreht und zeigte mir Keulen und Pürzel.

In der Fluchtrichtung unseres Schweinchens fielen dann einige Schüsse; ich glaube, dass einer meiner Nachbarn besser aufgepasst hatte als ich. Jedenfalls wurde von dort nach Ende des Treibens ein starker Frischling angeliefert.

Waldrach im Ruwertal

Mein Jagdfreund Thomas bejagt mit seinem Bruder ein landschaftlich sehr reizvolles Schwarz- und Rehwildrevier im Ruwertal. Die Ruwer ist ein Nebenfluss der Mosel. Ihre Hänge bilden zwar ein klassisches Weinanbaugebiet, aber viele Winzer haben in den vergangenen Jahren ihre Weinberge aufgegeben. Auf diesen Flächen breiten sich seither Schwarzdorn und Brombeeren neben den (immer noch Frucht tragenden Rieslingreben) aus. Es bedarf keiner Phantasie, sich vorzustellen, wie wohl sich die Sauen in diesem „Dickicht" fühlen.

Alljährlich darf ich in diesem Revier auf einen Rehbock jagen; ich bin für diese Jagdgelegenheit sehr dankbar.

Nachdem sich nun auf dem Plateau, das immer noch größtenteils landwirtschaftlich genutzt wird, der Bio-Mais und anderes Bio-Getreide breit gemacht hat, drohen dort Wildschäden in unübersehbarem Ausmaß.

So luden Thomas und sein Bruder an einem Novemberwochenende zur Saujagd ein. Ein Nachbarrevier hatte sich mit Teilen seiner Jagdfläche dieser Planung angeschlossen, es war also eine „revierübergreifende Jagd" mit mehr als 50 Jägern, überwiegend Einheimische aus der unmittelbaren Umgebung von Trier.

Das Wetter war traumhaft: strahlender Sonnenschein und die Temperaturen etwas über der Frostgrenze. Pünktlich fanden wir, mein damals 11-jähriger Enkel Moritz und ich, uns am Sammelpunkt ein. Nach herzlicher Begrüßung und einem kleinen Plausch mit Bekannten und Freunden verlas Thomas die „Kriegsartikel": alle Sauen bis 50 Kilogramm waren frei – unter diesem Gewichtslimit liegende, aber erkennbar führende Bachen ausgenommen. Außerdem sollte noch der Fuchs bejagt werden, Rehwild war tabu.

Nach der Bekanntgabe der Sicherheitsbestimmungen ging es an die Verteilung der festgelegten Stände: Mir wurde die Standnummer 20 zugeteilt. Thomas selbst brachte Moritz und

Moritz auf Stand 20 in Waldrach >>

mich mit seinem Geländewagen dorthin und wies mich ein. Moritz kroch in seinen Ansitzsack, ich machte meinen 9,3 x 62-Stutzen klar und aktivierte das Rotpunktvisier. Unser Stand war mitten im Schwarzdorn auf einer schmalen Wiese parallel zu einer schmalen Teerstraße. Jenseits der kleinen Straße lag ein weiter, mit Schwarzdorn durchsetzter Hang, den wir von Stand 20 aus ganz gut einsehen konnten. Auch hinter uns war Schwarzdorn. So konnten wir die Sauen, so sie uns den mit ihrem Besuch beehren würden, von allen Seiten erwarten.

Wir hörten im Gegenhang bereits die Terrier „kreischen" – sie hatten also bereits kurz nach dem Schnallen Feindberührung – da trollte ein Überläufer (gerade wohl noch im Gewichtslimit) im Gegenhang auf uns zu. Ich erwartete ihn auf einer freien Stelle jenseits der Straße, er aber hatte wohl vorher abgedreht und zeigte sich uns nicht mehr. Schade!

Moritz ist mir bei der Ansage von anwechselndem Wild eine große Hilfe. Ich höre auf dem rechten Ohr nicht mehr gut, und so glaube ich bei den typischen Geräuschen anwechselnden Wildes immer, es käme von links. Moritz hat Ohren wie ein Luchs und sagt mir immer sehr präzise an, aus welcher Richtung die Geräusche kommen.

Es knallte mittlerweile ganz munter, da machte mich Moritz auf anwechselndes Wild hinter uns, also hangaufwärts, aufmerksam. Und da kamen sie schon: vorweg eine starke Bache und hinter ihr drei starke Frischlinge so um die 30 Kilogramm. Auf den letzten Frischling wurde ich die Kugel los, er überschlug sich und rutschte klagend in die Schwarzdornhecke zwischen Wiese und Straße. Das hatte einen Nachzügler wohl irritiert und ein letzter Frischling flüchtete in der oberen Hecke auf uns zu, um dann wenige Schritte neben mir die Wiese zu überqueren. Und ich brachte es fertig, diesen auf etwa zehn Schritte glatt vorbei zu schießen. Wirklich eine tolle Leistung.

In den nächsten zwei Stunden tat sich bei uns nichts mehr – wir sahen allerdings im Gegenhang mehrfach Sauen, und so wurde es nicht langweilig.

Moritz hat einen Frischling aus dem Schwarzdorn geborgen

Als schließlich im letzten Drittel der festgelegten Zeit eine Treiberriege mit ihren Hunden bei uns vorbeikam, fanden die Terrier meinen zuerst beschossenen Frischling in der Schwarzdornhecke im Wundbett. Er lebte noch, und die Treiber konnten ihn abfangen. Weidwundschüsse sind immer schlimm, aber ein solches Missgeschick kann jedem und wird auch jedem passieren, so lange wir jagen.

Moritz hatte sich mit Hühnerbrühe aus der Thermoskanne gestärkt (und mich auch), das Treiben ging in seine letzte Viertel-

Eine beachtliche Sauenstrecke

stunde. Die Schüsse in unserem Hörbereich waren jetzt seltener geworden. Da tauchte unvermutet und ohne jede akustische Vorankündigung durch die Hunde am Rande unserer Wiese ein Frischling auf, ebenfalls so um die 30 Kilogramm. Er war so nett und verhoffte auch noch, so dass ich eine Kugel loswerden konnte. Nun zog er gerade in dem Moment an, als ich schoss, so saß auch diese Kugel zu weit hinten. Er lag zwar im Knall, versuchte aber, wieder hoch zu werden. Es war noch ein schneller Fangschuss nötig.

Das Treiben war zu Ende. Gemeinsam zogen wir den zuletzt erlegten Frischling an die Straße, und während ich ihn aufbrach, lieferte Moritz den im Schwarzdorn abgefangenen Frosch an das Sträßchen; auch dieser war schnell versorgt.

Über 40 Sauen lagen letztlich auf der Strecke, leider auch einige Sauen, die stärker waren als freigegeben. Mit den Erinnerungen an einen wunderschönen Jagdtag machten wir uns nach einer leckeren Suppe am Streckenplatz auf den Heimweg.

Erlenbach

Das kleine Eifeldorf Erlenbach und der gleichnamige Staatswald nordwestlich dahinter liegen wenige Kilometer nördlich der Autobahn Nr. 1 im Einzugsbereich von Trier, der ältesten Stadt Deutschlands. Mein langjähriger Freund Peter, Rechtsanwalt in eben dieser Moselmetropole, konnte dieses Staatswaldrevier pachten und betreut es mit sehr viel Liebe und Hingabe. Erlenbach grenzt an das große, zum Rotwildkerngebiet Meulenwald gehörende Revier des Reichsgrafen von Kesselstadt.

Alljährlich lädt Peter im Spätherbst zu einer kleinen Bewegungsjagd ein. „Klein" – was die Zahl der geladenen Jäger betrifft. Wir sind immer so um die zwanzig Waffenträger. Peter liebt sein Wild, und daher sind seine Freigaben stets eher restriktiv. Niemand würde sich trauen, bei dieser Jagd ein Alttier zu erlegen oder eine führende Bache. Peter prüft auch persönlich vor Beginn seiner Jagd alle Jagdscheine seiner Gäste auf deren Gültigkeit.

Auch bei Peters Jagd habe ich seit Jahren einen Spezialstand. Rechts dieses Standes ist eine kleine, aber fast immer „schwarzwildträchtige" Dickung, oberhalb von mir eine etwa acht Meter breite Schneise, links davon ein mit älteren Buchen und Fichten bestockter Hang. Um den Stand herum talabwärts ältere Fichten und unterhalb dieser – auf etwa achtzig Gänge – eine Nadelholzdickung. Auf diesem Stand brauchte man eigentlich im Genick ein Kugelgelenk ohne „Anschlag", das Wild kann von allen Seiten kommen.

Es hat ja schon etwas für sich, wenn man des Öfteren denselben Stand zugewiesen bekommt. Ab dem dritten oder vierten Jahr weiß man so ungefähr, wie die Wechsel verlaufen und wo man besonders aufpassen muss.

Im ersten Jahr, in dem ich diesen Stand besetzt hatte, ging mir eine Rotte Sauen buchstäblich „durch die Lappen". Moritz hatte sie früher als ich gesehen – sie nahmen den kürzesten Weg von der Dickung zur Rechten in die Taldickung, und ich wurde einfach nicht fertig. Meine vom Stand aus geschnallte Jagdterrierhündin „Edda" kam zögerlich hinterher und verbellte anschließend den Einwechsel der Sauen in die Dickung. Ihnen zu folgen – dazu fehlte ihr der Mut. Leider hat sich das bis heute nicht geändert. Rehe und Rotwild, Hasen und Füchse jagt sie mit Leidenschaft und Inbrunst, aber um Sauen und deren Wittrung macht sie einen großen Bogen. Diese sehr hübsche und eher kleine Deutsche Jagdterrierhündin ist dazu noch Epileptikerin – und vielleicht hängen Epilepsie und Angst vor Sauen ja irgendwie zusammen ...

Ein Jahr später – gleiche Jahreszeit und derselbe Stand. Oberhalb meines Standes war ein kleines Rudel Rotwild am Ende der Schneise aus der Dickung ins hohe Holz getrollt – im dichten Pulk und ohne die Möglichkeit, eines der Kälber frei zu bekommen. Das Treiben war schon in seiner zweiten Halbzeit, da kam von links – von da, wo überhaupt noch keine Treiber und Hunde unterwegs waren – in ziemlicher Fahrt ein Überläufer angerauscht. Er musste, wenn er seine Fluchtrichtung beibehalten sollte, die Schneise oberhalb meines Standes überqueren. Und das tat er. Auf die breit auf etwa vierzig Gänge vorbei flüchtende Sau wurde ich die Kugel los; sie überschlug sich, rutschte ein paar Meter hangabwärts und blieb an einem Wurzelteller hängen. – Ich selbst und auch Freund Peter waren glücklich und zufrieden.

Ein Jahr später. Peter hatte mir zwar schon mehrfach einen Hirsch freigegeben, aber ich wollte seine Großzügigkeit und seine jagdliche Gastfreundschaft nicht strapazieren. Ich wusste, dass er nur einen IIb-Hirsch (jährlich) auf dem Abschussplan hat, und der sollte für ihn reserviert bleiben – meinte ich.

Das Treiben hatte kaum begonnen, da sah ich von links kommend ein starkes Stück Rotwild auf die Schneise zu wechseln. Immer wieder verhoffend zog ein sehr begehrenswerter, sicher mindestens sechsjähriger Eissprossenzehner auf die Schneise und blieb dort auch noch einige Sekunden stehen. Ich litt Höllenqualen. Hirsche dieser Kategorie waren bei dieser Jagd nicht freigegeben – ich aber hatte unabhängig von diesem Tag einen solchen von Peter freibekommen. Ich ließ den Hirsch passieren in der Hoffnung, dass er entweder Peter selbst oder unserem gemeinsamen Freund Thomas anwechseln würde, denn der Hirsch zog ja ins Treiben hinein. Wo er sich nun gedrückt hatte, weiß ich nicht – er wurde von niemandem mehr gesehen.

Nach Ende der Jagd hat Peter nur vielsagend den Kopf geschüttelt, als ich ihm von meiner Begegnung mit dem „IIb de Luxe" erzählte.

Bewegungsjagden können ein Quell ungetrübter jagdlicher Freuden sein, wenn sie gut – und in der richtigen Jahreszeit – organisiert werden und die „Chemie" der teilnehmenden Jäger untereinander passt. Wenn dann auch noch alle Jäger sich ihrer Verantwortung für das uns anvertraute Wild bewusst sind und ihre jagdlichen Aktivitäten daran ausrichten, sind auch die Strecken in aller Regel richtig und verantwortbar. Und zu den „anderen Bewegungsjagden" muss man ja nicht hingehen.

Treibjagden früherer Jahre

Die ersten Treib- und Drückjagden erlebte ich in den sechziger Jahren des vorigen Jahrhunderts. Ich war damals zunächst Büroleiter, dann Revierleiter im Hunsrückforstamt Rhaunen, zu dem auch zwei Staatswaldreviere mit Regiejagd gehörten. Und dann war ich natürlich – wann immer es möglich war – Gast im Nachbarforstamt Kempfeld, in dem mein Schwiegervater, Forstamtsrat und Hirschvater Alfred Budenz das Revier Allenbach-Nord betreute.

Im Forstamt Kempfeld veranstalteten die Landesregierungen von Rheinland-Pfalz in den Regierungszeiten der Ministerpräsidenten Helmut Kohl und Bernhard Vogel ihre großen Staatsjagden. Viel politische Prominenz gab sich dort die Ehre, und man durfte als kleiner Schweißhund führender Forstbeamter Franz-Josef Strauß, Richard von Weizsäcker, Eugen Gerstenmaier, Ernst Albrecht, Kurt Biedenkopf und noch vielen anderen Vertretern der damaligen politischen Führungspersönlichkeiten und natürlich den Gastgebern und Landesvätern Kohl und Vogel die Hände schütteln.

Manchmal war es auch unsere Aufgabe, neben den Nachsuchen den einen oder anderen nicht selbst jagenden Politiker einen Tag lang zu begleiten und ihm die Jagd ein wenig nahe zu bringen. In besonders guter und intensiver Erinnerung ist mir in diesem Zusammenhang Philipp Jenninger geblieben, dem ich zu unseren vielen Gesprächen auch noch zeigen konnte, wie man ein Rotwildkalb sauber vorbei schießt.

Diese damaligen Diplomatenjagden waren weit besser als ihr schlechter Ruf, zu dem das Liedchen von Reinhard Mey ja noch erheblich beigetragen hat. Sie waren hervorragend organisiert, die Freigaben recht restriktiv und vor allem: Nahezu alle Teilnehmer haben sich auch an diese Freigaben gehalten.

Diese Jagden waren in der Gesamtschau in allen Punkten gegenüber den heuten Verkaufsjagden in den gleichen Revieren um Lichtjahre besser!

Der damalige Bundestagspräsident Eugen Gerstenmaier bejagte ein sehr schönes Revier in der Nähe meines damaligen Wohnortes Hinzerath. Ich führte in den sechziger Jahren des vorigen Jahrhunderts meinen Hannoverschen Schweißhund :I Fürst-Marthenberg 1433, genannt „Pascha". Nachdem ich mit diesem Hund eine Nachsuche auf einen von Gerstenmaier krank geschossenen Hirsch erfolgreich abschließen konnte, stand ich auf der Gästeliste dieses Reviers.

Drückjagd in diesem Revier „Vierherrenwald" des Bundestagspräsidenten Eugen Gerstenmaier. Zu Gast war auch der damalige Bundesfinanzminister Rolf Dahlgrün, dem das Missgeschick passierte, im Vormittagstreiben einen geringen Rotspießer anzuschweißen. In der Mittagspause meldete ich mich bei Gerstenmaier für das zweite Treiben ab, um den Spießer nachzusuchen. Das bekam auch Dahlgrün mit, der sofort aufsprang und dabei fast seine Suppe verschüttete, weil er „seine" Nachsuche mitmachen wollte. Gerstenmaier war nicht begeistert, fehlten ihm doch nun zwei eingeplante Schützen für das Nachmittagstreiben. Aber Dahlgrün bestand darauf.

Es lag reichlich Schnee, so um die dreißig Zentimeter. Pascha kratzte mit Pfoten und Nase einige dicke Knochensplitter auf dem Anschuss frei – Röhrenknochen und zweifelsfrei vom hohen Lauf. In weiten Serpentinen war der Spießer hangaufwärts gezogen, das heißt gehumpelt. Durch den Schnee war eine ständige Kontrolle gegeben – die aber bei der Erfahrung dieses Rüden gar nicht nötig gewesen wäre. Von dieser Wundfährte wäre er auch ohne Schnee keinen Zentimeter abgekommen.

Wir wären flotter vorangekommen, wenn nicht Dahlgrün mit Schnee und Hang so seine Probleme gehabt hätte. So mussten wir immer wieder warten und kurze Verschnaufpausen einlegen. Damals habe ich innerlich geflucht, heute habe ich großes Verständnis für seine durch reichlich Nikotin und Bürodienst verursachte Konditionsschwäche.

In einem Fichtenstangenholz – nach etwa zwei Kilometern Riemenarbeit – rumpelte der kranke Spießer vor uns aus dem

Dr. Walter Leisler-Kiep und andere Politprominenz

Wundbett. Rasch war die Halsung herunter, und Pascha jagte den Hirsch nach weniger als hundert Metern zu Stande. Der Fangschuss im angrenzenden Buchenaltholz war dann keine Kunst.

Ich brach den Hirsch auf und verwitterte ihn mit den älteren Jägern bekannten und sehr wirksamen „Hausmitteln". Auch Dahlgrün machte da ganz selbstverständlich mit ...

Der damalige Landesvater Dr. Helmut Kohl

Auf direktem Weg marschierten wir hangabwärts zum „Schlösschen" und ließen uns dort am prasselnden Kaminfeuer in die Sessel fallen. Ein Cognac, starker Kaffee und frischer Streuselkuchen halfen uns beim raschen Regenerieren.

Ich war damals Büroleiter des benachbarten Forstamtes Rhaunen und mit dem „aktuellen" Los in keiner Weise zufrieden. Mir und meinem Schweißhund fehlte der Wald, ich hätte alles dar-

Politiker mit Rang und Namen jagen gemeinsam – in der Mitte Dr. Eugen Gerstenmaier, seinerzeit Bundestagspräsident

um gegeben, hätte ich meinen trockenen und warmen Bürosessel mit einem Forstrevier – wo auch immer – tauschen können.

Dahlgrün war als Bundesfinanzminister auch Chef der Bundesforstverwaltung. Und so machte er mir ein verlockendes Angebot: Diese Verwaltung könne junge und passionierte Forstleute, dazu noch mit einem Schweißhund immer gebrauchen. Ich solle mich doch um die Übernahme in den Bundesforstdienst bewerben. Er würde das Seine dazutun.

Mittagspause bei der Staatsjagd –
Dr. Helmut Kohl links und Dr. Richard von Weizsäcker rechts

Ich erbat Bedenkzeit und diskutierte dieses Angebot abends mit meiner Frau und in den nächsten Tagen mit der übrigen Verwandtschaft. Dahlgrün hatte angedeutet, er könne sich eine Verwendung in der Lüneburger Heide (Munsterlager) vorstellen.

Ich stand mit meinem beruflichen Veränderungswunsch „familiär" allein auf weiter Flur. Meine Frau wäre ja vielleicht noch mitgezogen, aber sowohl meine Eltern wie auch meine Schwiegereltern protestierten heftig. Beide „Parteien" wollten ihre noch sehr kleinen Enkelkinder nicht Hunderte von Kilometern weit im Norden haben, sondern sie mehr oder weniger wöchentlich besuchen können. So sagte ich Dahlgrün ab – schweren Herzens, das muss ich zugeben.

Aber wenig später konnte ich glücklicherweise mit einem Kollegen tauschen, der unbedingt in den Innendienst wollte.

Im Forstamt Kempfeld war es damals Tradition, dass die Beamten und einige wenige Gäste zwischen Weihnachten und Neujahr eine kleine Drückjagd machten. Die beiden Langhaarteckel meines Schwiegervaters und noch einige Terrier leisteten mit zwei ortskundigen Waldarbeitern die Hauptarbeit. Wir

Bundespräsident Dr. Heinrich Lübke besucht den Bundestagspräsidenten Dr. Eugen Gerstenmaier im Jagdschloss Vierherrenwald –
Ankunft mit dem Helikopter (oben) und offizielle Begrüßung des hohen Gastes durch die „angetretene" Forstpartie mit Hörnerklang (unten)

jagten beziehungsweise drückten eine Dickung am „Ringskopf" im Revier Allenbach-Süd. Der Schnee dämpfte alle Laute, ich hörte aber dennoch mal kurz den Laut der beiden Teckel. Da trollte sehr langsam ein Alttier aus den verschneiten Fichten auf mich zu – kein Kalb folgte ihm. Es war ein sehr altes Tier,

112

und es erschien mir mehr als unwahrscheinlich, dass es im hohen Schnee den kurzläufigen Hunden hätte gelingen können, ein etwa vorhandenes Kalb vom Tier zu trennen. Ich setzt ihm die Kugel aufs Blatt, nach zwei Fluchten brach es verendet zusammen. Seine Spinne war völlig trocken, es hatte wohl in diesem Jahr entweder überhaupt nicht geführt oder aber sein Kalb sehr früh verloren. Heute würde ich allerdings in Kenntnis der Problematik verwaister Kälber einen Schuss auf ein solches einzeln anwechselndes Alttier nicht mehr riskieren. Damals war ich glücklich – die sehr guten und kleinen Grandeln habe ich meiner Frau für das nächste Weihnachtsfest in einem Ring verarbeiten lassen. – Sie trägt ihn noch heute.

Ein gut geführter Hund ist wertvoller als die beste Waffe.

N. N.

Auf den Hund gekommen ...

Hunde haben in meinem „jagerischen" Leben immer eine sehr große Rolle gespielt. Die Entstehung der einzelnen Jagdhundrassen, ihre rassetypischen jagdlichen Anlagen und ihre Zucht haben mich seit meiner Jugend sehr interessiert; ich habe darüber vor nahezu zwanzig Jahren ein Buch geschrieben: „Jagdhunde in Deutschland", BLV, München. Meine Frau, mit Jagdhunden aufgewachsen, teilt diese Liebe uneingeschränkt. Das hat natürlich viele Vorteile – aber auch den Nachteil, dass jeder Hund, auch wenn er jagdlich völlig unbrauchbar ist, „lebenslänglich" bei uns bleibt. Die Weggabe eines solchen Hundes in nicht-jagdliche Hände habe ich nie durchsetzen können ...

Die erste Jagdhundrasse, mit der ich in näheren Kontakt kam, war der Deutsch-Drahthaar. Ich drückte noch die Schulbank unseres Gymnasiums in Bitburg in der Eifel, im Schatten der berühmten Bitburger Pils-Brauerei, da durfte ich einem älteren, in der Nachbarschaft wohnenden Jäger bei der Hundeabrichtung über die Schulter schauen und gelegentlich auch helfen. Ich schleppte Kaninchen und Füchse durch die Südeifel und legte künstliche Schweißfährten, dafür konnte ich bei der einen und anderen Nachsuche mitlaufen und die Prüfungen für seine beiden Drahthaar-Junghunde miterleben.

Vor ungefähr fünfzig Jahren bekam ich dann meinen ersten eigenen Jagdhund, einen roten Langhaarteckel. Diese Anschaffung fiel in meine forstlichen Ausbildungs- und Wanderjahre, und dieser Teckel passte genau in meinen Rucksack hinein. Alle Gänge mussten damals noch zu Fuß erledigt werden, ein eigenes Auto war bei einem monatlichen Gehalt von etwas mehr als 200 Mark ein unerfüllbarer Traum. Dieser Teckel „Lumpi" war 24 Stunden am Tag mein Begleiter und kannte mich und meine Gewohnheiten wie kein anderes Lebewesen auf dieser Welt. Leider musste ich ihn später wegen einer ihm nicht abzugewöhnenden Unart weggeben: Wenn er sich freute, versagte die Schließmuskulatur seiner Blase. Er pinkelte fröhlich auf Teppich und Fußboden oder, wenn er jemanden ansprang, an dessen Beine oder auf die Schuhe. Der Vater dieses Teckels hörte (wenn er gerade Lust dazu hatte) auf den Namen „Schnaps" und gehörte einem sehr netten und auch sehr trinkfesten Oberforstmeister in Bernkastel an der Mosel. Ludwig Wagner hatte zeitlebens immer rote Langhaarteckel, und alle hatten alkoholische Namen. Ich erinnere mich noch an „Whisky" und „Cognac" und eben an besagten „Schnaps".

Mit meinen Zimmervermietern/innen hatte ich wegen Lumpi zunehmend Probleme, und da es in den Ausbildungsforstämtern fast immer dieselben Privatpensionen waren, die arme und noch „reisende" junge Forstleute aufnahmen, eilte der schlechte Ruf des „Pinkel-Dackels" mir alsbald voraus. Nachdem ich zweimal Absagen erhielt mit der Begründung: „Sie ja, aber nicht mit diesem Dackel", entschloss ich mich schweren Herzens, ihn abzugeben. Zunächst übernahm ihn meine Mutter, durch ihre berufliche Tätigkeit konnte dies jedoch nur eine Übergangslösung sein. So rief ich den Oberforstmeister Wagner an; dieser war sofort bereit, mich von diesem undichten Hund zu befreien. Vater „Schnaps" lebte zwar noch, aber das würde schon gut gehen, meinte er. Mit diesen beiden ging es auch gut, aber nach einem halben Jahr beschwerten sich meine Forstkollegen aus dem Forstamt Bernkastel bei mir, man könne sich in das Auto des Chefs mit halbwegs sauberen Klamotten nicht mehr hinein setzen. Der Beifahrersitz – normalerweise der Sitz- und Ruheplatz der beiden Dackel – war ziemlich durchweicht und roch wie eine Herrentoilette auf dem Kölner Hauptbahnhof. Offenbar freute sich Lumpi über die vielen schönen Sachen, die er von dem Beifahrersitz aus bewundern konnte, so sehr, dass er auch hier fröhlich und ungehemmt tröpfelte. Lumpi hatte bei Wagner noch ein paar schöne Jahre – und der hatte ja auch einen festen Wohnsitz.

Mein Schwiegervater hatte, als ich ihn kennen lernte, eine junge Hannoversche Schweißhündin, die leider infolge einer ausgesprochen „fachmännisch" durchgeführten Ektropium-Operation alsbald nahezu völlig erblindete. Mit dieser Hündin arbeitete ich meine ersten Wundfährten mit einem wirklichen Nachsuchenspezialisten, wenn auch einige dieser Versuche durch ihr Handicap gründlich in die Hose gingen. Aber ich war der Nachsuchenarbeit und dieser Rasse rettungslos verfallen.

Die Arbeit auf der Schalenwild-Wundfährte hatte es mir seitdem angetan. So wurde ich im Jahre 1960 Mitglied im Verein Hirschmann und erwarb durch Vermittlung des damaligen Zuchtwartes Konrad Andreas im Jahre 1962 meinen ersten Hannoverschen Schweißhund „Fürst-Marthenberg 1433", dem bis zum Jahre 2002 fünf weitere folgten.

Der Hannoversche Schweißhund wurde mein Beruf, die daneben von mir geführten Jagdhunde waren – und das ist nicht abwertend gemeint – mehr oder weniger mein Hobby.

Meine persönlichen Erfahrungen mit den Zuchtvereinen, in denen ich eine Mitgliedschaft erworben hatte, sind eher durchwachsen. Seit 1960 – ich sagte es schon – bin ich Mitglied im Verein Hirschmann. Ich fühlte mich in diesem sehr traditionellen Verein sehr wohl und habe die den Verein in jenen Jahren führenden Persönlichkeiten sehr geschätzt. Da war der Oberforstmeister Henning Wallmann aus Seelzerthurm im Solling, der den Verein sehr souverän, aber eben auch sehr demokratisch und mit einem großen Herzen, vor allem für die jüngeren Schweißhundführer, viele Jahre führte. Und da war Konrad Andreas, der legendäre Zuchtwart, ohne dessen Fachkompetenz der Hannoversche Schweißhund seine heutige Leistungsdichte nach den Wirren des letzten Krieges wohl kaum wieder erlangt hätte. Und Karl Bergien, mein väterlicher Freund und Nachfolger von Konrad Andreas im Amt des Zuchtwartes.

Mit meiner schon damals ziemlich ausgeprägten und allzu oft lautstark verkündeten eigenen – und häufig von der „offiziellen" abweichenden – Meinung zu Zuchtfragen machte ich mir allerdings innerhalb des Vereins Hirschmann nicht nur Freunde. Forstamtsrat Hubert Wagner, über Jahrzehnte zweiter Vorsitzender, hat damals manchen Strauß für mich im Vorstand ausgefochten. Er wollte mich unbedingt als Nachfolger von

Karl Bergien im Amt des Zuchtwartes etablieren, aber der Widerstand war (zu) groß. Ich war aus Sicht des Vorstandes eben nicht „vorstandsfähig".

Ich musste seinerzeit auch die Erfahrung machen, dass mancher Schweißhundführer-Kollege mir bei jedem Zusammentreffen „ins Gesicht" immer sehr freundschaftlich tat und mich beinahe umarmte, aber hinter meinem Rücken eben doch ganz anderes redete und auch negativen Einfluss zu nehmen versuchte. Zu Beginn meiner forstlichen Ausbildungszeit sagte mir einmal ein bereits in Ehren ergrauter Oberförster:
„Ein Kollege ist ein Mensch, vor dem man sich zunächst einmal in Acht nehmen sollte ..." – Ich wusste zu jener Zeit noch nicht, wie Recht er hatte!

Vielleicht hatten diese Widerstände und Aversionen irgendwie auch mit meinem ersten, im Jahre 1985 im BLV in München erschienenen Buch „Mit Büchse und Schweißriemen" zu tun ...

Ich saß einmal nach einer winterlichen Jagd mit einigen Kollegen zusammen, und es wurde heftig gezecht. Da ich selbst aber noch mein Auto Richtung Heimat lenken musste, hielt ich mich beim Genuss der moseltypischen Après-Jagd-Getränke sehr zurück. Einer dieser Hirschmann-Kollegen tat dies aber nicht, sondern wurde mit großer Geschwindigkeit immer grantiger. Plötzlich schnauzte er mich aus heiterem Himmel an: „Meinst du, ich könnte keine Bücher schreiben?" Ich antwortete mit aller Ruhe, zu der ich in dieser Situation noch fähig war: „Sicher kannst du das, du musst es aber auch tun und nicht nur darüber reden." Daraufhin schlief er an meiner Seite ein ...

Es ist wohl so: Nur Mitleid bekommt man geschenkt, Neid muss man sich immer schwer verdienen!

Ich habe trotzdem in den Folgejahren noch weitere Bücher geschrieben und mit viel Herzblut versucht, den Hannoverschen Schweißhund gerecht zu führen. Etwa zehn Jahre zuvor hatte ich damit begonnen, eine eigene Mutterlinie aufzubauen, die bis heute noch in vielen Zwingern und Blutlinien wirksam ist.

Einige Jahre habe ich beim Deutschen Reiter- und Fahrerverband – Abteilung Jagdreiten – die Meutehunde gerichtet beziehungsweise formbewertet. Das hat mir sehr viel Freude gemacht und sicher auch meinen Blick für das Exterieur unserer Jagdhunde sehr geschärft. Einige Hundert Foxhounds der Deutschen Jagdmeuten habe ich – zusammen mit englischen und belgischen Richtern – in Schwarzenstein bei Wesel am Niederrhein bewertet. Es war schon eine Mammutaufgabe, hundert und mehr Foxhounds an einem Tag gerecht zu richten und damit ja auch über deren Zuchtverwendung (was die Form angeht) mit zu entscheiden. Im Jahre 2008 habe ich aus Altersgründen dort meinen Abschied genommen, nachdem ich in den letzten beiden Jahren nicht mehr die Foxhounds, sondern die französischen Laufhunde (Francais-Tricolores und Anglo-Francais-Tricolores) gerichtet habe. Für die Foxhounds sind seit einigen Jahren in Schwarzenstein ausschließlich englische Richter zuständig.

Wenn dieses Buch erscheint, werde ich bald siebzig Jahre „auf dem Buckel" haben. Da fällt es manchem vielleicht leichter, sich mit einem Querkopf wie mir zu arrangieren. Ich habe keine Ambitionen mehr auf irgendwelche Ämter oder Pöstchen. Und ich habe auch festgestellt, dass mit zunehmendem Alter die Konfliktbereitschaft ab- und das Harmoniebedürfnis zunimmt. Zwar kann ich mich immer noch über manche Dinge und Vorgänge sehr ärgern, aber ich komme doch immer mehr zu der philosophischen Erkenntnis, die ich einmal bei einem Freund gelesen habe:

Gott gebe mir die Kraft, Dinge zu ändern, die ich ändern kann, er gebe mir die Gelassenheit, Dinge hinzunehmen, die ich nicht ändern kann, und er gebe mir die Weisheit, das eine vom anderen zu unterscheiden.

Ich kann mich auch heute noch lustvoll und intensiv streiten, wenn dies auf einem gewissen intellektuellem Niveau stattfindet. Dummheit und Arroganz (beide sind ja oft in einer Person vereint) jedoch hasse ich wie der Teufel das Weihwasser. Und bei solchen niveaulosen Debatten kann ich – auch heute noch – sehr ruppig werden. Aber auch das will ich mir noch abgewöhnen ...

Autor bei einer Trophäenbesprechung im Rotwildring Cochem-Kondel

Ein kluger Mensch – ich glaube, es war Einstein – soll einmal gesagt haben, es gäbe zwei Dinge, die unendlich seien: das Universum und die menschliche Dummheit. Beim Universum sei er sich aber nicht ganz sicher ...

Um der Wahrheit die Ehre zu geben, muss ich hier einräumen, dass mich bis in die jüngere Zeit doch ein Amt außerhalb der Jagdkynologie sehr gereizt hätte: ein Sitz im Schalenwildausschuss des Landesjagdverbandes Rheinland-Pfalz. Darüber hatte ich auch mehrfach mit unserem LJV-Präsidenten Kurt-Alexander Michael gesprochen, mit dem ich einen relativ engen jagdlichen Kontakt pflege – meist telefonisch – und sehr gut „kann". Als dann aber ein Stuhl in diesem Gremium frei wurde, entschied man sich in der LJV-Spitze für einen Forstdirektor. Welche Gründe dafür ausschlaggebend waren – ich weiß es nicht. Vermutlich fürchtete man meine bekannt freche Schnauze und meine Unfähigkeit, mich mit (faulen) Kompromissformeln abzufinden, wenn es (vor allem) um das Rotwild geht ...

* * *

Doch zurück zu den Hunden:
Vier Deutsche Jagdterrier habe ich neben den Schweißhunden geführt und verdanke diesen Hunden wunderschöne Jagderlebnisse. Daneben haben diese kleinen schwarz-roten „Verbrecher" mich und meine Schweißhunde vor etlichen gesundheitsgefährdenden Attacken humorloser wilder Schweine bewahrt.

Als die Bewegungsjagden bei uns in Mode kamen, war ich ja noch im aktiven Forstdienst, und die Organisation solcher Jagden gehörte zu meinen Dienstaufgaben. So kam neben den Schweißhunden und den Jagdterriern noch ein Beagle ins einsame Eifel-Forsthaus. Diese Kombination „Beagle + Terrier" hat sich außerordentlich bewährt. Der Terrier ließ sich von dem sehr viel feinnasigeren Beagle die Sauen zeigen, das heißt sich an diese heranführen, dann übernahm er das Gesetz des Handelns: Er sprengte und jagte die Schweine, dass es eine Lust war, ganz gewiss für ihn, vielleicht weniger für die Sauen, sicher aber auch für die „draußen" wartenden Jäger.

Ganz nebenher versuchte ich es noch mit einem von einem irischen Vater stammenden Foxhound aus der berühmten Cappenberger Meute, dieser entpuppte sich jedoch als jagdlich absolut unbrauchbar – jedenfalls als Solohund.

Die Hannoveraner-Hündin „Fine" meines Freundes Michael Ries – schade, dass sie nicht mir gehört ...

Mit meiner letzten Hannoverschen Schweißhündin :II Afra vom Mayener Hinterwald 2009 endete im Jahre 2002 meine aktive Schweißhundführerzeit.

Als sie im Alter von zehn Jahren zunehmend erblindete und dann als Folge daraus auch einige Male von Sauen geschlagen und von einem Hirsch schwer geforkelt worden war, gingen wir beide als Nachsuchen-Gespann „in Pension". Als Kanonenfutter war sie mir zu schade, und so verlebte sie noch ein paar Jahre als Pensionärs-Begleiter mit täglichen Spaziergängen in ihrem ehemaligen Einsatzbereich. Auch meine Konstitution war nach zwei Operationen nicht mehr so, dass ich noch längere Nachsuchen in den Moselsteilhängen und im Schwarzdorn durchgestanden hätte. So fiel die Entscheidung, keinen Schweißhundwelpen mehr zu uns zu nehmen. Ich hätte einem solchen Hund – und seinen Anforderungen an seinen Führer – nicht mehr in vollem Umfang gerecht werden können.

Dennoch haben meine Frau und ich diese Entscheidung später sehr bereut. Der Hannoversche Schweißhund und seine eben doch sehr spezielle Wesensart fehlten uns auf Schritt und Tritt. Die „als verwandter Ersatz" beschaffte Tirolerbracke, ein sehr schöner, in Österreich gezüchteter Rüde, konnte die entstandene Lücke nicht füllen. Sehr viel temperamentvoller als alle unsere Schweißhunde brachte er doch viel Unruhe ins Haus und entpuppte sich dazu noch als hochgradig schussscheu. Bereits der Anblick eines Gewehrs lässt seine Rute unter dem Bauch verschwinden. So ist er jagdlich völlig unbrauchbar und geht mit unserer Tochter joggen – dabei knallt es ja nicht.

Später erwarben wir noch eine Deutsche Jagdterrier-Hündin als Welpe aus einem sehr renommierten Zwinger und fraglos allerbester Abstammung. Auch diese wurde leider kein Volltreffer. Sie ist sehr wasserscheu und hat eine für diese Rasse völlig untypische Angst vor Sauen. Ein Hauch von Schwarzwild-Witterung reicht schon aus, sie zur Flucht in die entgegen gesetzte Richtung zu bewegen. Dabei ist sie dann sehr hektisch und versucht verzweifelt, von den Sauen abzulenken. Rot- und Rehwild, Hase und Fuchs jagt sie mit bestem Laut, ist jedoch stets nach etwa fünf Minuten wieder bei mir. Und dann ist sie auch noch Epileptikerin – ohne ihre täglichen Luminal-Tabletten hätte sie sich wahrscheinlich schon zu Tode gekrampft.

Zweimal hatte ich beim Aussuchen der Welpen, wie man sieht, völlig danebengegriffen.

Unsere Tirolerbracke

Unsere Jagdterrier-Hündin

Unser betagter Beagle

Wenn ich heute meine tägliche Runde in meinem alten Revier mache, dann begleiten mich eine schussscheue Tirolerbracke, ein ängstlicher, epileptischer Jagdterrier und ein hochbetagter Beagle, der als einziger Vertreter dieses Trios in früheren Jahren ein sehr brauchbarer Jagdhund war – wirklich eine tolle Meute!

Wie oft habe ich schon meinen Hannoverschen Schweißhunden nachgetrauert. Da war die erste von mir häufig geführte Hündin „Feya vom Abbenstein", eine Tochter des berühmten „Barth-Heiseke", die meinem Schwiegervater gehörte. In jungen Jahren schon fast erblindet, brauchte sie tägliche Streicheleinheiten und einen ständigen körpernahen Kontakt. Eine Schönheit war sie nicht gerade, dunkel-hirschrot in der Farbe stand sie auf verhältnismäßig niedrigen Läufen und hatte einen ausgesprochen schweren und massigen Rüdenkopf.

Dann kam „Fürst-Marthenberg" zu uns, ein „Baldo vom Kraßtal"-Sohn, dunkel gestromt mit tiefschwarzer Maske – der war schon aus anderem Holz geschnitzt. In Erinnerung an den ersten Schweißhund meines Schwiegervaters gaben wir ihm den Rufnamen „Pascha". Scharf gegenüber Fremden, vor allem dann, wenn sie zu nahe an das von ihm erfolgreich nachgesuchte Wild herantraten, kam es bisweilen zu etwas „schwierigen" Szenen. So etwas konnte er nun absolut nicht leiden. Und manchmal meinte er, auch ich solle besser etwas mehr Abstand halten, er sei jetzt gerade mal nicht so gut drauf ... Bei einer solchen Gelegenheit hat er mir an einem Hirsch einmal seine Fangzähne so ins rechte Handgelenk gehauen, dass man das kleine Loch noch heute sehen kann. Vorher hatte er den Hirsch-Erleger ausgerechnet dorthin gebissen, wo Männer sehr empfindlich sind.

Die Vorprüfung bestand Pascha „mal eben so" mit einem III., die Hauptprüfung jedoch mit einem hohen I. Preis.

In den Jahren, in denen Pascha Teil unserer Familie war, kamen unsere drei Kinder zur Welt. Die liebte er abgöttisch, und wenn an schönen Sommertagen diese auf dem Hof, im Garten oder – solange sie noch sehr klein waren – im „Kinderstall" spielten, legte er sich ohne Kommando dazu oder davor. Kein Fremder hätte es wagen dürfen, näher als zehn Meter heran zu kommen. Unsere älteste Tochter verkleidete sich einmal an Karneval als Rotkäppchen, und Pascha lief als „Wolf" neben ihr her. Ulrike war gerade so groß, dass sie in Augenhöhe seine Halsung greifen und sich daran festhalten konnte.

Pascha hatte eine einseitige schwere Hüftgelenksdysplasie (der erste Fall übrigens, der bei einem Hannoverschen Schweißhund röntgenologisch festgestellt wurde). Möglicherweise war diese „erworben", als er einmal von einem kranken, nach weiter Hetze von ihm gestellten Alttier mit den Vorderläufen schwer verprügelt worden war. Dabei war es auch zu einer Verletzung der Wirbelsäule gekommen. So kam aus dem Reinhardswald als Welpe die leuchtend hirschrote „Birke vom Buchenfürst" (Rufname „Dina") zu uns in den Lützelsoon, eine Tochter des damals arg strapazierten österreichischen Rüden „Dietl vom Gesäuse". Ich wollte ohne Unterbrechung einsatzbereit und einsatzfähig bleiben, falls Pascha wegen seiner unterdessen empfindlichen

Wirbelsäule und seinem lädierten rechten Hüftgelenk schwierige Hetzen nicht mehr würde durchstehen können. Pascha blieb jedoch bis zu seinem Tode (er wurde bei einer Nachsuche als „wildernder Hund" erschossen) ein schneller, sehr druckvoller, scharfer und fährtelauter Hetzer.

Dina war eine Hannoversche Schweißhündin im Gebirgsschweißhund-Format, relativ klein, knochenfein und zierlich. Ihre Stärke war die Hetze, weniger die konzentrierte Riemenarbeit. Und sie war – vielleicht wegen ihrer großen Hetzpassion – nicht sehr „gesprächig". Hetzte sie alleine, war sie nur sichtlaut, jagte sie mit Pascha zusammen, dann gab sie – wohl aus Sympathie – auch auf der Fährte gelegentlich Laut. Sie war – ganz im Gegensatz zu Pascha – „everybodys darling". Sie ließ sich auch von wildfremden Menschen hemmungslos abknutschen, manchmal sehr zu meinem Missvergnügen. Auch Dina verschwand im Alter von nur knapp vier Jahren bei einer Hetze und blieb verschollen. Sehr wahrscheinlich wurde auch sie von einem „Jäger" erschossen.

Dina hatte „nur" die Vorprüfung ablegen können, zur (für mich eigentlich selbstverständlichen) Hauptprüfung kam es dann nicht mehr. Dina brachte zwei Würfe ins Hirschmann-Zuchtbuch, den ersten nach ihrem Zwingergenossen „Pascha", der allerdings zu diesem Zeitpunkt bereits wegen seiner schweren Hüftgelenksdysplasie zuchtgesperrt war. Dina war morgens von dem hirschroten Rüden „Duro von der Hirschkappe" meines väterlichen Freundes Berthold Münzer in Rheinbach gedeckt worden. Wieder zu Hause brach am Nachmittag des gleichen Tages Pascha aus seinem Zwinger aus und deckte „nach". Im Wurf lagen sechs Welpen, fünf davon dunkel gestromt! Bei einer Vaterschaft von „Duro" hätten aber alle Welpen hirschrot sein müssen – insofern war auch ohne Vaterschaftstest klar, wer hier der Erzeuger war. Ich habe die drei Hündinnen dieses Wurfes getötet – damals durfte man das noch – und die Rüden an Jäger abgegeben. Keiner dieser Hunde wurde jedoch so geführt, wie ich es mir vorgestellt hatte, und so gerieten sie auch für den Verein Hirschmann in Vergessenheit.

Dinas zweiter Wurf fiel nach „Gero vom Hessenwald", einem sehr schönen und leistungsstarken gestromten Rüden, der von Oberförster Ernst Brandes im Saupark Springe geführt wurde. Auch die Hunde dieses Wurfes waren keine „Granaten", was ihre späteren Leistungen anbetraf. Lediglich „Burgl vom Lützelsoon" brachte im Harz in der Hand von Helmut Fischer beachtenswerte Leistungen.

Dina und Pascha stöberten einmal im Revier einen verwilderten Hauskater in einem Reisighaufen auf und machten ihm den Garaus. Pascha hatte ihn übers Kreuz gepackt, der Kater wiederum hatte sich in Dinas Keule fest gekrallt. Das alles dauerte nur Sekunden.

Einen Tag später begann Dina zu humpeln und eine Keule wurde dick und fühlte sich auch noch heiß an. Der Tierarzt vermutete seinen Insektenstich und behandelte sie entsprechend. Am nächsten Tag platzte die Keule buchstäblich auf und es flossen Blut und Eiter in großen Mengen aus der Wunde. Unser Haustierarzt empfahl, sofort mit der Hündin in die Uniklinik nach Gießen zu fahren. Das machte ich auch, und in Gießen wurde Dina sofort operiert – sie hatte mittlerweile hohes Fieber und offensichtlich auch eine stark fortgeschrittene Blutvergiftung. Und was förderten die Tierärzte aus der Keule zu Tage? Eine abgerissene Katzenkralle! Dina blieb noch zwei Tage zur Beobachtung in der Uniklinik, dann sollte ich sie abholen.

Mein Gehalt war (damals wie heute) nicht übermäßig üppig, und so rief ich vorsichtshalber mein Geldinstitut an und bat um einen Überziehungskredit in vorläufig unbekannter Größenordnung. Ich erklärte den Bankleuten, dass ich der veternärmedizinischen Universitätsklinik in Gießen einen Scheck in vermutlich erheblicher Höhe würde ausstellen müssen, um die Tierarztkosten zu bezahlen. Man gab mir „grünes Licht", und so fuhr ich – einerseits froh, dass Dina alles gut überstanden hatte, andererseits etwas bange wegen der vermutlich hohen Rechnung – in Richtung Gießen. Dina begrüßte mich überschwänglich, dann sauste sie ins Auto und wäre durch nichts mehr zu bewegen gewesen, dieses freiwillig im Bereich der Klinik wieder zu verlassen.

Dann ging ich in die Verwaltung und holte mir die Rechnung ab. Als ich die Endsumme sah, kam mir beinahe meine Muttersprache abhanden: Nur etwas mehr als 20 (zwanzig!) Mark sollte ich bezahlen. Das konnte wohl nur ein Irrtum sein, und so fragte ich vorsichtshalber nach. Man erklärte mir, dass man so selten einen Hannoverschen Schweißhund in der Klinik habe – man habe ihm für Forschungszwecke ein wenig Blut abgenommen und den Hund außerdem den Studenten vorgeführt. So hätte man beschlossen, dass ich nur die Sachkosten bezahlen müsse. Man könne sich außerdem vorstellen, dass ein junger Forstbeamter mit irdischen Gütern nicht übermäßig gesegnet sei ...

Es gab damals noch wirklich nette Menschen auf der Welt. Ob so etwas heute auch noch möglich wäre?

„Balda vom Eisernen Tor" war eine dunkel-hirschrote Hannoversche Schweißhündin, gezüchtet in Eisenstadt im österreichischen Burgenland von einem Forstkollegen der Fürst-Esterhazyschen Verwaltung. Trude Riess, damals europaweit bekannte Schweißhundführerin aus Niederösterreich (und Zuchtwartin für die Bayerischen Gebirgsschweißhunde im Österreichischen Schweißhundeverband) hatte sie für mich ausgesucht und brachte sie zur Hauptprüfung des Vereins Hirschmann nach Sieber im Harz mit.

Diese Hündin war in Form und Leistung ein Glücksgriff: schön, wesensstabil und in Riemenarbeit und Hetze gleichermaßen zuverlässig. Balda mochte Frauen nicht besonders ... Sie war total auf mich geprägt und nahm meine Frau, ihre „Chefin" also, eigentlich nur dann zur Kenntnis, wenn diese sie fütterte. Vor- und Hauptprüfungen bestand sie mit jeweils einem II. Preis.

Mit Balda begann ich dann meine Lützelsoon-Mutterlinie aufzubauen. Wenn man so etwas plant, dann muss man ein klares Ziel vor Augen haben. Mein Ziel war es, das Blut von :I Barth-Heise 1230 zu verdichten und möglichst inzuchtfest zu machen. Die dafür notwendige züchterische Freiheit wurde mir von den jeweils amtierenden Zuchtwarten Karl Bergien und Wilhelm

Puchmüller eingeräumt. Um den in den sechziger Jahren erheblich „beschäftigten", in Österreich gezüchteten „V"-Rüden „Dietl vom Gesäuse 1424" machte ich züchterisch, so gut es ging, einen großen Bogen. Er war zwar eine ausgesprochene Schönheit und der große Favorit von Konrad Andreas, er war aber wohl im (Fährte-)Laut nicht so ganz zuverlässig und auch in der Riemenarbeit kein Spitzenhund. Das jedenfalls erzählte mir sein Besitzer und Führer, mein alter Freund Helmut Fischer aus Sieber im Harz. Als „Dietl" dann auch noch seine Enkelin „Burgl vom Lützelsoon 1530 (eine Birke vom Buchenfürst 1487-Tochter) ungewollt (vom Besitzer, die beiden Hunde wollten schon …) deckte und in diesem Wurf die mit Recht so gefürchtete Erbkrankheit Epilepsie auftrat, fühlte ich mich in meiner Skepsis gegenüber diesem österreichischen „Model" bestätigt.

Ein einziges Mal habe ich in meine Lützelsoon-Mutterlinie ein wenig „Dietl"-Blut einfließen lassen, und zwar über „Agon vom Reihertal" 1565, dessen Großvater mütterlicherseits besagter „Dietl" war. Da war dessen Erbgut aber schon durch „Hessenwald"- und „Lauenberg"-Blut so „gefiltert und geläutert", dass nichts Negatives mehr passierte.

Balda brachte zwei Würfe ins Hirschmann-Zuchtbuch, ebenso ihre Tochter „Dolde vom Lützelsoon" 1627 (genannt „Gilka") und deren Tochter „Elfi vom Lützelsoon" 1686 (genannt „Cosi"). Aus der „Elfi"-Tochter „Gilka vom Lützelsoon" 1807 fiel ein Wurf, in dem unter anderen „:II Afra vom Mayener Hinterwald" 2009 lag. Aus dieser Hündin fiel der letzte Wurf mit dem Zwingernamen „vom Lützelsoon".

Dieser letzte („I") Wurf war züchterisch für den Verein Hirschmann von erheblichem Wert:
„Isa vom Lützelsoon" 2091 war die Mutter des „L"-Wurfes „von Neuhaus" (Züchter Rüdiger Hengst, Neuhaus im Solling), in dem neben anderen leistungsstarken Hunden „Linda von Neuhaus" 2341 lag. Diese ist die Mutter der „Blanka Saupark Springe" 2498 (Züchter Wilhelm Puchmüller in Springe), die wiederum Mutter der „Jossgrund"-Hunde (Züchter Klaus Pfeiffer, Jossgrund) wurde.

Mit etlichen Geschwistern der vorerwähnten Hunde wurde ebenfalls gezüchtet, und sie bereicherten das Hirschmann-Zuchtbuch mit leistungsstarken Nachkommen.

Ob ich mit dieser Mutterlinie erfolgreich war oder nicht, das wird heute auch innerhalb des Vereins Hirschmann unter-

HS-Rüde Gero nach erfolgreicher Nachsuche auf ein Muffelschaf

schiedlich gesehen. Auch wird hier und dort bezweifelt, ob die Mutterlinienzucht überhaupt sinnvoll ist und die Gesamtrasse züchterisch weiterbringt. Wie dem auch sei, fest steht, dass das Blut der „Balda" in vielen Hannoverschen Schweißhunden noch „wirkt" und auch der Typ der „Lützelsooner" immer wieder durchschlägt und erkennbar ist.

„Balda" hatte ich in ihrer Wesensart schon beschrieben. Leider wurde sie nicht alt. Ein Hirntumor setzte ihrem Leben ein frühes Ende.

Ihre dunkel-hirschrote Tochter „Gilka" (:III Dolde vom Lützelsoon 1627) war ihrer Mutter sehr ähnlich. Sie war ebenfalls kein Allerweltsliebling, sondern eher reserviert gegenüber Fremden, dafür aber empfänglich für alle Zuwendungen aus dem Kreis

131

Alfred Budenz mit Gilka

der Familie. Auch sie wurde nicht alt. Mein Fangschuss – liegend im engen Tunnel einer Schwarzdornhecke auf einen mich annehmenden Keiler – traf ihn und die Hündin.

„Cosi" (:III Elfi vom Lützelsoon 1686) – eine „Gilka"-Tochter – war eine zierliche und trotzdem typvolle, fast schwarz gestromte Hündin. Sie war der erklärte Liebling aller Familienmitglie-

Cosi und Gero an einem starken Erntehirsch aus dem Kondelwald

der und wusste sich bei allen und überall einzuschmeicheln. Bei ihr war der ungarisch-österreichische Charme der Esterhazys dominant durchgeschlagen. Sie war nach :I Fürst-Marthenberg 1433 der schärfste Hetzer meiner bis dahin geführten Hannoverschen Schweißhunde. Bei einer Nachsuche, die in einem Kulturgatter endete, biss ihr die nachgesuchte und daher sehr erboste Bache die Rute ab, als Cosi ihr am Gatter nicht mehr ausweichen konnte. Sie sah danach für einen Hannoverschen Schweißhund hinten etwas gewöhnungsbedürftig aus ...

Cosi wurde zehn Jahre alt. Ich hatte sie und ihre etwa fünf Monate alte Enkelin Afra vom Mayener Hinterwald 2009 beim Auszeichnen dabei, und beide Hunde tobten spielerisch durch die Botanik. Cosi hatte wohl nicht aufgepasst, jedenfalls prallte sie – von Afra gejagt – gegen eine Douglasie und brach mit einem Aufschrei auf der Hinterhand zusammen. Sie kam danach auch hinten nicht mehr hoch, sondern schleifte ihre komplette hintere Körperhälfte hinter sich her. Der Tierarzt diagnostizierte einen Bruch der Wirbelsäule im Beckenbereich. Es blieb uns keine andere Wahl, als ihr weiteres Leiden zu ersparen.

Ihre Enkelin „Afra", eine wunderschön hirschrote Hündin mit tiefschwarzer Maske, wurde nahezu 13 Jahre alt. Sie wurde mein letzter Hannoverscher Schweißhund – ich habe schon über die Gründe berichtet.

Sie war mein zuverlässigster und erfolgreichster Hannoverscher Schweißhund, obwohl sie – was die Hetze anging – eher ein Spätzünder war. Im zweiten Behang hatte sie noch wenig Lust, sich mit Sauen in einen Nahkampf einzulassen, und da diese hier an der Mosel und in der Südeifel sozusagen „unser täglich Brot" waren (und heute für meine Nachfolger noch sind), kam der Deutsche Jagdterrierrüde Alf vom Ordenswald als Hetzunterstützung dazu.

Im dritten Behang ging dann der Knoten plötzlich auf, und sie hetzte fährtelaut und mit dosierter Wildschärfe und stellte selbst die aggressivsten Sauen – manchmal stundenlang bis zum Fangschuss. – Telemetriegeräte, die uns das Auffinden von Hund und Sau hätten abkürzen können, hatten wir damals noch nicht. – Sie war ab diesem Alter in Riemenarbeit, Hetze und Stellen nicht zu übertreffen, und wo sie einmal nicht mehr weiterkam, da schaffte es auch kein anderer Hund.

Bei stärkeren Sauen schnallte ich Alf dennoch mit dazu, er war noch schärfer und stürzte sich kompromisslos auf jede Sau ohne Rücksicht auf das eigene Leben. Da war Afra doch sehr viel vorsichtiger, sie stellte mit „Überlegung" und wusste stets genau, was sie tun musste und was sie besser lassen sollte. Alf verbiss sich stets sofort in den erstbesten Sau-Körperteil – und das war meistens die „Steckdose". Das war auch sein frühes Ende. Ein Überläufer schlug den in seine Wurfscheibe festgebissenen Terrier so gegen die Stämme, dass Alf einen irreparablen Nierenschaden erlitt, an dem er schließlich einging.

Afra fasste – wenn überhaupt – stets in die Keulen. Das war fraglos für sie gesünder und sicherte ihr ein langes Leben ohne ernsthafte Verletzungen. Die kamen erst gegen Ende ihrer aktiven Nachsuchenzeit, als sie schon weitgehend erblindet war – und dann war auch Schluss mit Hetzen an noch „beweglichen" Sauen. Als Kanonenfutter war sie mir – ich sagte es schon – zu schade.

Afra war schon dreizehn Jahre alt, und ich jagte im fernen Kanada auf Elch und Wapiti. Meine Frau machte mit Afra einen Spaziergang im Kondelwald, als diese weit ab vom Auto, das vor einer geschlossenen Schranke geparkt war, einen Schlaganfall erlitt. Auf ihre Jacke gepackt zog meine Frau die schwere Hündin bis zum Auto.

Der Tierarzt sah keine Möglichkeit mehr, noch etwas für Afra tun zu können und schläferte sie ein. An der Jagdhütte „Jägersfreude" wurde sie neben dem Foxhound „Hunter" und den Jagdterriern Alf I und Alf II beerdigt.

An diesem Abend rief ich von Kanada aus nach Hause an und wollte wissen, ob dort alles in Ordnung sei. Ich merkte zwar, dass meine Frau etwas „Schluckbeschwerden" hatte, sie sagte aber kein Wort über den Tod der Afra. Sie wollte mir die letzten Tage im traumhaften Indian Summer Nordkanadas nicht verderben. So erfuhr ich alles erst, als ich eine Woche später wieder zu Hause in Kinderbeuern angekommen war.

Unsere Hunde haben das familiäre Leben der Familie Krewer jahrzehntelang sehr bereichert. Es wäre manchmal ohne die Vierbeiner langweiliger ausgefallen.

Heinz Rühmann soll einmal gesagt haben: „Man kann auch ohne Hunde leben – aber es lohnt sich nicht."

Recht hatte er!

Um guten Hund müht sich der Jäger stets auf's neue,
wenn er erkennt des Waidwerks edlen Kern.
Denn just der sich're, viel geführte Hund, der treue,
macht erst zum ganzen Jäger seinen Herrn.

HANS GRAF ZU MÜNSTER

Nicht alltägliche Nachsuchen

Vierzig Jahre lang haben mich meine Hannoverschen Schweißhunde – man kann sagen „auf Schritt und Tritt" – begleitet. Ihnen verdanke ich viele Sternstunden meines Jägerlebens. Über tausend Nachsuchen habe ich mit meinen insgesamt sechs Hannoverschen Schweißhunden durchgeführt, weit mehr als sechshundert Mal brachten wir die angeschweißten oder angefahrenen Stücke Hochwild zur Strecke.

Ein jüngerer Kollege hatte an einem heißen Augustmorgen einen geringen Hirsch – er meinte, es sei ein Sechser gewesen – im nahezu „Körper deckenden" Adlerfarn beschossen. Er hatte einfach dorthin gehalten, wo er das Blatt vermutete. Der Hirsch war nach dem Schuss mit einer 7 x 64, ohne – für den Schützen erkennbar – zu zeichnen, in der nahen Dickung verschwunden.

Erst mittags erreichte mich sein Hilferuf, bis dahin hatte er es schon mit einem eigenen Hund – einem Deutschen Wachtel – erfolglos probiert. Weder im Farn noch auf dem Rohhumus der angrenzenden Dickung hatte er Schweiß, Schnitthaare oder Knochensplitter finden können.

Es war drückend heiß, als ich meine Hannoversche Schweißhündin Afra gegen 14 Uhr am Anschuss zur Fährte legte. Sie bewindete alles sehr interessiert, konnte aber nicht das geringste Pirschzeichen verweisen. Schließlich folgte sie der Fährte in die drückend heiße Fichtendickung. Hier „stand" die Luft, man konnte kaum atmen. Sehr langsam buchstabierte sich Afra vorwärts, immer wieder griff sie selbstständig zurück. Ich ließ den Schweißriemen auf dem Boden schleifen, um die Hündin ja nicht irgendwie in ihrer Konzentration zu stören.

Schließlich arbeitete sie am jenseitigen Rand aus der Dickung hinaus in ein großes Farnfeld. Hier mussten wir einfach abgestreiften Schweiß finden, sofern es solchen überhaupt zu finden gab. Ob sich die Kugel vielleicht doch vor dem Hirschkörper im Farn zerschlagen hatte, das wussten wir natürlich nicht. Vielleicht waren ja auch nur ein paar Splitter des im Farn zerlegten Geschosses in den Wildkörper eingedrungen. Wir fanden trotz intensiver Suche nichts, nicht einmal einen Hauch von abgestreiftem Schweiß und auch keine Stelle, für die sich die Mücken besonders interessiert hätten. Vielleicht aber hatten diese auch schon etwaige geringe Schweißspuren restlos aufgefressen.

Ich trug Afra ab und setzte sie noch mal am Anschuss an. Als sie mich jetzt wieder an dem Farnfeld aus der Dickung hinaus führte, ließ ich sie gewähren. Unsere Hoffnung war zwischenzeitlich auf den Nullpunkt gesunken.

Im Farn stand die Wittrung offenbar etwas besser, jedenfalls ging es jetzt zügiger voran, und nach vielleicht fünfzig Metern nahm uns die nächste Fichtendickung auf. Hatten wir in der ersten Dickung im knochentrockenen Rohhumus keine Eingriffe finden können, so waren wir jetzt offensichtlich in einem beliebten Feisthirsch-Einstand gelandet. Fährte an Fährte und Unmengen alter und frischer Losung machten dem Hund die Arbeit schwer. Hier war die Arbeit wieder mehr ein Tasten als ein zügiges Vorwärts-Arbeiten. Und der eigene Körperschweiß floss in Strömen.

Wir waren nahe daran, aufzugeben und den Hirsch für gesund zu erklären. Nur diese eine Dickung wollten wir noch durcharbeiten. Und wenn wir bis zum Auswechsel nichts finden würden, dann sollte Schluss sein.

Afra buchstabierte sich weiter in Zeitlupentempo vorwärts, da sah ich es in einem kleinen Graben vor mir rot schimmern. Dort lag der Hirsch, längst verendet und von Millionen Mücken umschwirrt. Nahezu einen Kilometer (Luftlinie) hatte er vom Anschuss noch zurückgelegt, bis er hier ins Wundbett gegangen und verendet war. Zwei Geschoßsplitter fanden wir beim Aufbrechen auf dem Wildkörper, einen im Pansen und einen in der Leber.

Ich glaube (und hoffe), dass dieser Kollege nie wieder auf ein Stück Wild schießen wird, dass völlig verdeckt steht und dessen Umrisse er nur ahnen kann – wie bei diesem Hirsch.

Damals gab es noch keine „Wildbret-Hygiene-Verordung". Gott sei Dank, denn sonst wäre dieser Hirsch unweigerlich in der Abfalltonne gelandet. So wurde er noch ganz normal verwertet – und es ist nicht bekannt geworden, dass sich jemand an ihm den Magen verdorben hätte oder gar durch seinen Genuss gestorben wäre ...

* * *

Vollmond! Ein Jäger saß in seinem Revier auf Sauen an, die ihm die Wiesen arg ramponiert hatten. Und gegen Mitternacht zog auch eine Rotte heran – es war ebenfalls im August – und er „pickte" sich einen starken Frischling heraus, den er (ich glaube, es war mit der 9,3 x 62) beschoss, als dieser sich breit gestellt hatte.

Knall, Mündungsfeuer, kurzes Klagen und Wegpoltern der Rotte in den angrenzenden Eichenbestand, das war sozusagen eins.

Als es hell wurde, fand der Schütze bald den Anschuss und dort ein beträchtliches Paket kleines Gescheide und natürlich viel Schweiß. Er suchte noch den angrenzenden Eichenbestand, in den die Rotte nach dem Schuss geflüchtet war, erfolglos ab und bat mich dann telefonisch zur Nachsuche.

Jeweils drei Tage vor und drei Tage nach Vollmond hielt ich mir – so es eben ging – immer von allen Terminen frei. Was „vorzuarbeiten" möglich war, wurde vorgearbeitet, die Waldarbeiter mit ausreichend Arbeit eingedeckt, und auch das Forstamt wusste um meine meist „anderweitigen" Verpflichtungen an diesen Tagen. Mit Chef Bornmüller hatte ich eine entsprechende Vereinbarung getroffen und von ihm die „Procura", auch ohne vorherige Benachrichtigung in fremde Reviere zu verschwinden. Er wäre ja sicher nicht sehr begeistert gewesen, wenn ich ihn um Mitternacht oder morgens um fünf Uhr wegen einer auswärtigen Nachsuche angerufen hätte. Und das waren eben die Zeiten, an denen wegen der Nachsuchen bei mir das Telefon läutete.

Ich machte mich also mit meiner damaligen Schweißhündin „Cosi" auf den Weg und traf am Anschuss den Nachsuchenverursacher und seinen Sohn Manfred, mit dem mich bis heute eine enge Jagdfreundschaft verbindet.

Nun, diese Nachsuche sollte bei der Menge Gescheide am Anschuss kein Problem sein oder werden. Cosi hielt sich denn auch nicht lange bei der Vorrede, also bei der Untersuchung des Anschusses auf, sondern zog sofort zielstrebig in die Eichen. Es war gegen sechs Uhr in der Frühe, und die Temperaturen hielten sich noch in erträglichen Grenzen. Im nächsten Wassergraben oder einer Suhle würde unser Wutzchen sicher liegen – dachte ich.

Denkste!

Bei abnehmender Schweißkontrolle ging es Kilometer um Kilometer, in einigen offenbar nur kurzzeitig angenommenen Wundkesseln fanden wir immer wieder etwas Schweiß. Schließlich landeten wir nach etlichen Kilometern auf einem Hochplateau, bestockt mit Alteichen und -buchen. Hier noch einmal ein Wundbett, dann war Cosi am Ende. Mittlerweile war es drückend heiß geworden; dies machte es für den Hund sicher nicht leichter. Dennoch hatten wir keine Erklärung dafür, dass es so aussah, als sei der Frischling hier mit Leib und Seele in den Himmel aufgefahren.

Mehrfach umrundeten wir bogenschlagend den letzten gefundenen Schweiß, aber Cosi fand einfach keinen Abgang. Nach mehreren Stunden Quälerei gaben wir schließlich auf, wir konnten einfach nicht mehr. Wohin immer vom letzten Schweiß aus der Frischling gezogen war, es blieb ein Rätsel.

* * *

Ein paar Jahre zuvor. Es war in der hohen Feiste, und in einem weit entfernten Revier im westlichen Hunsrück war ein Hirsch krank geschossen worden. Ich wurde zur Nachsuche gebeten und fuhr – natürlich – sofort dorthin. Am Anschuss hatten schon meine „Vorgänger" Knochensplitter vom hohen Lauf gefunden. So war klar, dass dieser Hirsch nur mit einer Hetze zu bekommen sein würde.

Meine Hannoversche Schweißhündin Gilka (Cosis Mutter) arbeitete die Wundfährte zielstrebig und sicher über etliche hundert Meter und dann in eine sehr dichte Fichten-Dickung („erheblicher Pflegerückstand" hat man das damals unter forstlichen Insidern genannt). In der Dickung schlug Gilka Bogen auf Bogen und x-mal kamen wir an denselben Schneebruchlöchern vorbei. Die Arbeitsweise meiner Hündin ließ mich jedoch nicht vermuten, dass der Hirsch vielleicht vor uns herziehen könnte. Und deshalb konnte ich mich auch nicht zum Schnallen entschließen, obwohl Gilka eine sehr zuverlässige Hetzerin war. Stunden später wusste ich, dass dies einer der größten Fehler meiner gesamten Schweißhundführerzeit war.

Ich hatte am späten Nachmittag noch einen nicht aufschiebbaren dienstlichen Termin, und so gab ich auf, nachdem ich ganz gewiss nahezu jeden Quadratmeter in dieser Dickung abgesucht hatte. Auch ein Umschlagen brachte uns nicht weiter, die Hündin konnte mir keinen Auswechsel zeigen – weil es eben keinen gab.

Als ich bereits auf dem Heimweg war, ging die Frau des Nachsuchenverursachers mit ihren beiden Teckeln noch mal zu besagter Dickung und ließ die beiden stöbern. Nach kurzer Zeit erst Hetz- dann Standlaut, ein bewaffneter Begleiter (oder auch die Dame selbst, das weiß ich heute nicht mehr) ging hinein und schoss den von den Teckeln gestellten Hirsch tot!

Zu Hause angekommen erreichte mich die „Vollzugsmeldung" per Telefon. Es war dies eine der schwärzesten Stunden meiner Tätigkeit als Schweißhundführer. Und ich werde noch heute – Jahrzehnte später – darauf angesprochen. Ich konnte und

kann mich nur mit einem klugen Spruch trösten – ich glaube,
er stammt von Wilhelm Busch:

„Hast du im Leben tausend Treffer, man sieht's, man nickt und
geht vorbei. Doch nie vergisst der kleinste Kläffer, schießt du
ein einzig Mal vorbei."

* * *

„Fürst-Marthenberg" war mein erster eigener Hannoverscher
Schweißhund. Konrad Andreas hatte ihn mir im Jahre 1963
aus dem Zwinger von Werner Dedecke vermittelt. In Erinnerung an den einige Jahre zuvor bei einer Nachsuche erschossenen Schweißhundrüden meines Schwiegervaters gaben wir ihm
den Rufnamen „Pascha".

Ein Jagdgast hatte im Forstamt Kempfeld einen geringen
Hirsch (damals hießen diese IIc) aus einem Feisthirschrudel
heraus beschossen. Der Beschossene war mit dem Rudel in eine
nahe Dickung geflüchtet.

Nachsuche am späten Vormittag. Pascha arbeitete konzentriert
und zügig die Wundfährte und zeigte immer mal wieder Schweiß.
Über den Sitz der Kugel rätselten mein Schwiegervater und ich,
aber wir konnten uns nicht klar darüber werden. Auch das von ihm
ja beobachtete Zeichnen des Hirsches brachte uns nicht weiter.

Es ging in der Dickung hin und her – und eine Seite dieser Dickung wurde von einer stark befahrenen Bundesstraße begrenzt.
Plötzlich Reifenquietschen und ein dumpfer Aufprall. Ich legte
Pascha ab und kroch leise zum Dickungs-/Straßenrand. Dort
stand auf der Bundesstraße ein vorne sehr ramponierter Pkw
und davor lag ein verendetes Alttier auf der Straße. Der Fahrer
war offenbar unverletzt und stand schimpfend, ja tobend daneben. Da sah ich meinen Schwiegervater mit dem Auto ankom-
men und am Tatort halten. Das nächste Auto wurde von ihm
angehalten und der Fahrer gebeten, die Polizei zu informieren.

Diese kam nach erstaunlich kurzer Zeit, nahm alles auf, mein
Schwiegervater versorgte das Alttier und als alle verschwun-

den waren, ging ich zurück zu meinem Hund und setzte die Nachsuche fort. Ich weiß ja nicht, was mir hätte passieren können, wenn der Unglücksfahrer oder die Polizei (wohl zu Recht) vermutet hätten, das Alttier sei durch mich rege gemacht und zum Wechsel über die Straße veranlasst worden. Wäre ich dann Mitschuldiger an diesem Unfall gewesen?

Pascha nahm die Fährte – er war ja gut ausgeschlafen – wieder auf und führte mich, immer wieder Schweiß verweisend, über eine breite Schneise in die Nachbardickung. Ich war froh, aus dem direkten Einflussbereich der Bundesstraße heraus zu sein. Plötzlich ein gewaltiger Ruck am Riemen, ich flog den langen Weg auf den Boden, und es krachte und polterte vor mir. Pascha gab heftig laut, ich hatte große Mühe, mich zu ihm vorzuarbeiten und ihm die Halsung abzunehmen. Fährtelaut verschwand er im Dichten – da quietschte hundert Meter weiter ein Gatterzaun. Noch einige Male „Hau – Hau", dann nur noch „das Schweigen im Walde". Lediglich der Zaun quietschte immer noch.

Ich rannte dorthin: Da hing der Hirsch im Zaun und Pascha ihm an den Keulen. Der Fangschuss auf den Träger war eine Sache von Sekunden. Mein Rüde war zunächst nicht bereit, „seinen" Hirsch mit mir zu teilen. Erst nach gutem und später auch etwas deutlicherem Zureden konnte ich ihm die Halsung überstreifen. Mein Schwiegervater kam kurz danach angelaufen und auch der vorher auf einem weit entfernten Hochsitz (wo er keinen Schaden anrichten konnte) „entsorgte" Schütze.

Die Kugel saß auf der Keule – und es blieb ein Rätsel, warum dieser Hirsch so gar nicht „schussgerecht" gezeichnet hatte. Vielleicht hatte der den „Blase" oder den „Krebs" nicht gelesen, denn sonst hätte er wohl gewusst, wie ein anständiger Hirsch auf einen Keulenschuss zu zeichnen hat.

Mein Schwiegervater – ein sehr erfahrener Jäger und Schweißhundführer – jedenfalls hätte nach eigenen Aussagen aufgrund des schwachen Zeichnens des Hirsches nie auf einen Keulenschuss getippt.

Im Wettbewerb des praktischen Alltags entschei-
det die Leistung; im Waidwerk aber kommt es
auf das Betragen an.

EUGEN WYLER

Die Jagd und das Fernsehen

Meine ersten direkten Erfahrungen mit dem Medium Fernsehen sammelte ich in den achtziger Jahren während meiner ehrenamtlichen Tätigkeit als „Beauftragter für Öffentlichkeitsarbeit" im Jagdgebrauchshundverband.

Damals gab es noch den Radio- und Fernsehsender RIAS in Berlin, und dieser produzierte auch das erste Frühstücksfernsehen, das über das ZDF ausgestrahlt wurde. Eines schönen Tages klingelte mein Telefon, es meldete sich ein Moderator des RIAS. Ob ich bereit wäre, nach Berlin zu kommen und im RIAS-Frühstücksfernsehen mit Wolfgang Apel vom Deutschen Tierschutzbund live zu diskutieren, fragte ein Herr Jansen. Natürlich sagte ich zu – und hoffte auf eine steile Fernsehkarriere.

Die „lebende Ente" war damals das Thema für die hundeführenden Jäger und den organisierten Tierschutz schlechthin. Ich versuchte, mich vernünftig zu präparieren, und flog dennoch mit weichen Knien und erhöhtem Blutdruck nach Berlin.

Es war ursprünglich geplant, unsere Diskussion um Jagd und Tierschutz nach den 7-Uhr-Nachrichten beginnen zu lassen. Sollte sie sich interessant entwickeln, dann würde man sie auch noch ein wenig zeitlich „ausweiten" können – zu Lasten weniger interessanter nachfolgender Beiträge. Noch im Hotel erreichte mich die Nachricht, „unsere" Diskussion würde auf 6.45 Uhr vorgezogen und müsse – selbstverständlich – um kurz vor 7 Uhr beendet sein, der Nachrichten wegen.

Das Taxi holte mich rechtzeitig ab und brachte mich ins RIAS-Studio. In der Maske machte man mich – so gut es eben ging – einigermaßen ansehnlich, und dann ging es los. Wolfgang Apel war über einen Monitor aus Bonn zugeschaltet. Zunächst zeigte man uns einen Film über eine Niederwildjagd, der durchaus in Ordnung und ziemlich frei war von Szenen, die dem Obertierschützer Wolfgang Apel Munition hätten liefern können. Aber dann legte Apel trotzdem los: von der Trophäenjagd über für Jagdzwecke ausgesetzte Fasane und Enten bis zur „lebenden Ente" und dem „Schliefenfuchs" ließ er nichts aus, was aus seiner Sichtweise in der heutigen Jagd überholt und zwingend änderungsbedürftig sei. Weder mir noch dem Moderator gelang es, den Redefluss von Apel zu stoppen. Und die Uhr tickte unaufhaltsam auf 7 Uhr zu. Ich war zum Statistendasein verdammt. Kurz vor 7 Uhr stoppte der Moderator schließlich doch noch den Redeschwall von Apel und gab mir Gelegenheit, zu antworten beziehungsweise zu reagieren. Was hätte ich in den verbleibenden 60 Sekunden noch ausrichten können? Ich versuchte noch, auf die aus meiner Sicht wichtigsten und auch am leichtesten zu widerlegenden Attacken zu reagieren – da wurden wir schon ausgeblendet.

Ich hatte schlicht versagt und/oder war dem Medienprofi Wolfgang Apel einfach nicht gewachsen. Aber auch der Moderator hätte mit mehr Druck auf eine gewisse Ausgewogenheit in der Redezeit-Zuteilung achten müssen, das wurde mir zu Hause beim Betrachten meiner medialen Niederlage auf einem Videoband klar.

Jahre später erhielt ich eine Einladung zum Fernsehsender SEASONS nach München in eine Diskussionsrunde unter Leitung von Dr. Jörg Mangold. Es ging dabei um wildartgerechte Schalenwildbejagung, und es war – aus heutiger Rückschau – eine der besten und gehaltvollsten Sendungen dieser Jahre. Zahlreiche Einladungen zu allen möglichen Themen in folgenden Diskussionsrunden „Geschichten von Fischern und Jägern" führten mich in den nächsten Jashren in die SEASONS-Studios, bis der Sender leider seine Arbeit einstellen musste. Viele haben mit mir das Ableben dieses Sprachrohrs der Jagd und der Fischerei sehr bedauert.

Irgendwie wurde ich bei SEASONS der Experte für Jagdhundefragen und -probleme. Bei nahezu allen Sendungen über Jagdhundrassen, Leistungszeichen und Prüfungen war ich mit von der Partie. Als Dr. Karl-Heinz Betz Chef von SEASONS wurde, beauftragte er mich, einige Jagdhund-Rasse-Portraits zu drehen.

Ich hatte jede Freiheit, wie ich das aufziehen wollte, und nutzte große Prüfungen oder Geburtstage von Landesgruppen der Jagdhund-Zuchtvereine, bei denen ich sicher sein konnte, eine große Zahl typischer und leistungsstarker Vertreter der jeweiligen Rassen filmen zu können. Dazu holte ich mir die jeweils „aktuellen" Repräsentanten der JGHV-Zuchtvereine vor die Kamera. Rund 80 bis 90 Minuten Film mussten an einem solchen Tag in den Kasten, aus denen dann die Redakteure von SEASONS einen 17-Minüter schnitten. Viel informatives und gutes Material landete dabei zwangsläufig und leider im Papierkorb.

Folgende Rasse-Portraits haben wir damals produziert:

Deutsch-Kurzhaar mit dem damaligen DK-Präsidenten Claus Kiefer und Uwe Fischer (damals VDH-Präsident, heute Ehrenpräsident).
Deutsch-Drahthaar mit dem VDD-Vorsitzenden Prof. Birnbaum und seinem Zuchtwart Dr. Carlherrmann Schürner.
Deutsche Bracken und Westfälische Dachsbracken mit Heimo van Elsbergen, DBC-Vorsitzender, und Zuchtwart Hartmut Roth.
Deutscher Jagdterrier mit dem DJC-Vorsitzenden Hans Schindl, seiner Nachfolgerin Jenny Schröder, Klaus Schulz, Landeszuchtwart der Gruppe Bayern, und dem Zuchtbuchführer Heinz Schober.
Ein Bericht über eine Internationale Schweißhundverbandssuche und die beiden Rassen **Hannoverscher Schweißhund** und **Bayerischer Gebirgsschweißhund** mit dem damaligen „Hirschmann-Vorsitzenden Dr. Georg Volquardts und mit Forstdirektor Wolfgang Reiter, Präsident des Österreichischen Schweißhundverbandes.

Es war eine sehr schöne Zeit, die Arbeit hat mir sehr viel Freude gemacht. Anscheinend sind diese Filme auch gut angekommen, auch weil sie recht informativ waren und man eben über das Medium Film viel mehr vermitteln kann als über das (nur) gedruckte Wort. Noch heute werden diese Rasseportraits über einen Internet-Anbieter vertrieben; man kann sie sich gegen Gebühr herunterladen.

Ich war damals sehr naiv und habe meine Rechte an diesen Filmen in keiner Weise abgesichert – ja es gab nicht einmal einen Vertrag über die Nachfolge-Rechte an diesen „meinen" Filmen. So verdienen sich heute andere Leute goldene Nasen daran.

Zum Schluss meiner Fernsehkarriere gab es dann noch eine sehr negative Erfahrung. Im Jahre 1999 lud das ZDF mich zu einer Diskussion über den Einsatz von Jagdhunden in den damals heftig umstrittenen Ausbildungs- und Prüfungsfächern „lebende Ente" und „Schliefenfuchs" ein. Es war zur Zeit der großen Dortmunder Jagdmesse, so gab es eine Außenschaltung dorthin. Viel PRO und CONTRA wurde ausgetauscht, auch ich hatte ausreichend Gelegenheit, meine Meinung darzulegen, Daneben konnte ich noch per Telefon gestellte kynologische Fragen beantworten. Als ich das Mainzer ZDF-Gelände verließ, hatte ich ein gutes Gefühl. Der Drehscheibe-Moderator hatte mir zuvor bestätigt, dass es aus seiner Sicht eine gute Sendung war und ich mich wacker geschlagen hätte.

Beim Ansehen der Aufzeichnung zu Hause fiel ich dann beinahe vom Sessel: Jedesmal, wenn in Dortmund der JGHV-Prüfungsobmann Dr. Franz Petermann oder in Mainz ich im Bild waren, lief das Spruchband:
Jäger 99 – Lizenz zum Quälen.
Eigentlich eine ungeheuerliche Geschichte, wie – in diesem Falle – ein öffentlich-rechtlicher Sender Jagdgegnern und Tierschutzenthusiasten die Möglichkeit bietet, Jäger zu verunglimpfen, ohne dass diese es überhaupt bemerken.

Natürlich habe ich telefonisch und schriftlich heftig protestiert, aber die Sendung war gelaufen und live ausgestrahlt – und man konnte sich in Mainz nicht einmal zu einer Entschuldigung durchringen. Meine Fernsehkarriere war damit beendet, obwohl man mich unmittelbar nach der Sendung noch gefragt hatte, ob ich eventuell für weitere ähnliche Beiträge zur Verfügung stünde ...

Wir Jäger haben es in der heutigen Zeit nicht leicht, wie man sieht.

148

**Video-Standbilder von einer SEASONS-Diskussionsrunde –
jeweils von links: Dr. Karl-Heinz Betz, Bernd Krewer (oben); Dr. Karl-
Heinz Betz, Bernd Krewer, Gerd von Harling, Dr. Michael Petrak und
Dr. Jörg Mangold (unten)**

Erst dann bin ich ein Waidmann, wenn ich ein Horcher auf des Schöpfers Stimme in meinem Inneren bin.

EUGEN WYLER

Ein Jagdtagebuch

Leider hatte ich nicht das Glück, in einem irgendwie der Jagd nahe stehendem Elternhaus aufzuwachsen. Welche von Urahnen stammenden Gene bei mir die Liebe zu Wald und Wild alle anderen infrage kommenden beruflichen Möglichkeiten dominiert haben – ich weiß es nicht.

Im Jahre 1955 bewarb ich mich erstmalig um einen Ausbildungsplatz in der Landesforstverwaltung Rheinland-Pfalz. Ich bekam eine Absage. Zu viele Forstleute aus den abgetrennten Ostgebieten Deutschlands mussten hier im Westen untergebracht werden. Die Lehrer hatten es da besser, sie hatten einen Großteil „ihrer" Kinder bei Ihrem Umzug in den Westen mitgebracht, die Förster aber hatten leider „ihre" Bäume drüben gelassen ...

Ich arbeitete ein Jahr lang als Waldarbeiter in der stillen Hoffnung, dass man „höheren Orts" dies als besondere Vorleistung anerkennen und honorieren würde. Als ich ein Jahr später auf eine erneute Bewerbung hin wieder eine Absage bekam, riss meinem Vater der Geduldsfaden. Er schloss für mich einen Ausbildungsvertrag als Bankkaufmann bei einem Bitburger Geldinstitut ab. Für eine Karriere als Waldarbeiter hätte ich – so meinte er – ja wohl keine teure Gymnasialausbildung gebraucht. Mein Vater war ein sehr strenger Herr und mit dem Ausbildungsbeginn in der Bank sei der Traum vom Wald für mich endgültig ausgeträumt, das teilte er mir kategorisch und unmissverständlich mit!

Ich war bestimmt kein besonders motivierter Azubi für den Beruf „Bankkaufmann", und oft genug musste ich ermahnt werden, wenn ich mal wieder aus dem Bürofenster gedankenverloren und sehnsuchtsvoll auf den Stadtwald schaute. Ich bewarb mich unverdrossen im Herbst 1957 erneut bei der Forstverwaltung – natürlich ohne Wissen meines Vaters. Und siehe da, es kam einige Wochen später eine Einladung zu einer Aufnahmeprüfung zum Regierungsforstamt in Trier. Zufällig hatte an diesem Tag meine (in alles eingeweihte) Mutter den Briefkasten geleert – Gott sei Dank!

Nun hatte ich bereits meinen ganzen Jahresurlaub verbraten, und so ließ ich einen imaginären Onkel sterben, zu dessen Beisetzung ich unbedingt fahren musste. Auch gelang es meiner Mutter und mir irgendwie, meinen Vater aus dieser „Beerdigung" herauszuhalten. Als ich im Trierer Regierungsforstamt die Schar meiner Mitbewerber sah – es waren sicher weit über fünfzig – sank mein Hoffnungsbarometer fast auf den Nullpunkt. Und dann wurde uns auch noch mitgeteilt, es ginge um ganze drei Ausbildungsplätze (später wurde die Zahl auf sieben erhöht). Es stimmte mich auch nicht fröhlicher, als ich feststellen musste, dass nahezu alle Mitbewerber Söhne von Forstbeamten waren. Mit ziemlicher Gleichgültigkeit absolvierte ich das Testprogramm und fuhr sehr frustriert nach Hause.

Zwei Wochen später kann der nächste Brief aus Trier – den wieder meine Mutter abfangen konnte. Ich wurde zu einem zweiten Auswahltest eingeladen. Das sah jetzt schon sehr viel besser aus. Um den Geschlechter-Proporz zu wahren, ließ ich diesmal bei der Personalstelle meiner Bank eine imaginäre Tante sterben, zu deren Beisetzung ... Sie wissen schon.

Wieder gelang es uns, das alles von meinem Vater fernzuhalten. Er merkte nichts. Im Saal des Regierungsforstamtes fanden sich jetzt nur mehr knappe zwanzig Bewerber ein. Wir wurden ganz schön in die Mangel genommen, aber es klappte offenbar besser, als ich es mir selbst zugetraut hätte. Wiederum zwei Wochen später bekam ich die Mitteilung, meine Bewerbung würde berücksichtigt, und ich möge mich bitte am ersten April 1958 im Forstamt Morbach – Forstrevier Hinzerath – zum Dienstantritt melden.

Jetzt musste ich meinen Vater einweihen. Dieses Gespräch mit ihm war eines der unangenehmsten meines ganzen Lebens. Er fühlte sich von mir und meiner Mutter hintergangen und hat mir dies eigentlich nie so ganz verziehen. Und wie ich aus dem

Ausbildungsvertrag herauskommen wolle, das – bitte schön – müsste ich nun selbst regeln.

Ich wusste, dass ein Neffe unseres Bankdirektors als Forstbeamter ein Revier nahe der Luxemburger Grenze betreute. Zu ihm fuhr ich mit dem Fahrrad und bat ihn händeringend, mit seinem Onkel zu sprechen und für eine Auflösung meines Ausbildungsvertrages ohne Vertragsstrafe zu bitten.

Er hatte Erfolg. Zwei Tage später Audienz beim Bankdirektor! Erst stauchte er mich gehörig zusammen (wegen der zahlreichen Todesfälle in meiner Verwandtschaft), dann aber wurde er milder und meinte, Bankkaufmann sei wohl doch nicht der richtige Beruf für mich, und ich solle in den Wald verschwinden. Gott, war ich erleichtert.

So nahm meine forstliche Karriere ihren Lauf. Nach einem halben Jahr im Forstamt Morbach wurde ich ins Nachbarforstamt Kempfeld versetzt und dem Oberförster Alfred Budenz im Forstrevier Allenbach-Nord zur weiteren Ausbildung zugewiesen.

Als ich am ersten Oktober 1958 an der Tür des Forsthauses Allenbach-Nord klingelte, kam mir als erster Bewohner ein vier Monate alter Hannoverscher Schweißhund entgegen und dann die Chefin des Hauses. Der Oberförster saß etwas müde und abgespannt in seinem Büro, deutlich von der Hirschbrunft und vom Gästeführen gezeichnet. Ich konnte im Forsthaus wohnen – es war ein „Drei-Mädel-Haus“. Vier Jahre später heirateten wir – die „Mittlere“ der drei Töchter und ich –, und aus der „Chefin“ wurde meine Schwiegermutter und der Oberförster mein Schwiegervater.

Für Alfred Budenz waren der Wald und „seine“ Hirsche absoluter und nahezu alleiniger Lebensinhalt. Alles musste sich diesen Prioritäten unterordnen. Ein einziges Mal machte er in den 32 Jahren, die ich ihn kannte, einen richtigen Urlaub mit seiner Frau in den österreichischen Bergen. Stets fürchtete er, dass seine Abwesenheit durch das Forstamt oder „vertretende“ Kollegen zu ihm nicht genehmen jagdlichen Aktionen in seinem ge-

Alfred Budenz (rechts) und Bernd Krewer 1960

liebten Revier ausgenutzt werden könnte. Einmal jagte er mit mir im salzburgischen Kaprun auf Gams – und seine dort erlegte wirklich sehr gute, alte Geiß zuckte noch mit den Hinterläufen, da waren wir schon wieder auf dem Heimweg!

Während meiner Zeit als „Forstlehrling" – man schrieb das Jahr 1959 – war es während der Hirschbrunft eine meiner Aufgaben, bei der Betreuung der Jagdgäste im Rahmen meiner Möglichkeiten mitzuhelfen. In „unserem" Revier Allenbach-Nord jagte der Chef des Regierungsforstamtes Trier, Landforstmeister Obertreis, auf einen Ia-Hirsch. Zu meinen Pflichten gehörte es, ihn mittags mit einer Thermoskanne Suppe, etwas Trinkbarem und reichlich Zigarren zu versorgen. Obertreis hatte ein unglaubliches Sitzfleisch, er saß vom ersten morgendlichen Dämmern bis in die Nacht. „Sein" Hirsch brunftete mit einem kopfstarken Kahlwildrudel in einer dreieckigen Fichtendickung, deren längste Seite von der Bundesstraße 269 begrenzt wurde. Am Schnittpunkt der beiden kürzen Seiten (an jeweils breiten

Schneisen) stand der Hochsitz, so dass Obertreis ein Auswechseln des Hirsches unbedingt mitbekommen musste und eventuell hätte schießen können. Dass der Hirsch mit seinem Harem über die auch damals schon stark befahrene Bundesstraße am helllichten Tag auswechseln würde, das erschien allen sehr unwahrscheinlich. Die Dickung hatte sich gerade erst geschlossen, so dass man das Geweih des stehenden, ziehenden oder treibenden Hirsches immer über den Fichten „schweben" sah. Sah man das Geweih nicht, so konnte man sicher sein, dass er sich nieder getan hatte.

Als ich unseren Landforstmeister wieder einmal mit allen zwingend lebensnotwendigen Utensilien versorgt hatte, lud er mich ein, mich ein wenig zu ihm zu setzen. Und er kam auch recht bald auf den Punkt. Ob ich mich noch an die Aufnahmetests erinnere, fragte er mich. Natürlich erinnerte ich mich an jede Einzelheit.

Dann sei ich doch damals gewiss der Meinung gewesen, ich hätte besonders gut abgeschnitten – war das eine Frage oder eine Feststellung? Vorsichtshalber bejahte ich das, schließlich hatte er und seine Berater mich ja damals aus einer großen Bewerberschar ausgewählt.

Dann müsse er mir jetzt diese Illusion rauben – so Obertreis. Ich wäre zwar nicht schlecht gewesen, so besonders und herausragend gut aber auch nicht. Aber nach dem zweiten Test habe der damalige Minister Stübinger ihn angerufen und dringend gebeten, wenigstens einen Bewerber ohne direkten familiären forstlichen Hintergrund bei der Einstellung zu berücksichtigen. Und ich sei nun mal beim zweiten Test der einzige verbliebene „nicht-grüne" Bewerber gewesen, dessen Vater kein Forstbeamter war. Selbst wenn ich das schlechteste Ergebnis abgeliefert hätte, ich wäre eingestellt worden. Mein Selbstbewusstsein bekam einen argen Dämpfer.

Obertreis war wohl doch mal an einem der folgenden Tage ein wenig eingenickt. Als er wach wurde, sah er den Hirsch gerade noch hinter seinem Rudel langsam im angrenzenden Fichtenaltholz verschwinden. Zum Schuss reichte es nicht mehr. Er reiste erfolglos und etwas frustriert nach Hause.

Einige Tage später wurde der Hirsch im benachbarten Revier Wirschweiler bestätigt, Obertreis kam wieder und schoss ihn beim ersten Ansitz unter der Führung des Oberförsters Laskewitsch.

Alfred Budenz ging 1976 in den Ruhestand. Gerade noch rechtzeitig, denn alsbald änderte sich das Verhältnis zum Rotwild innerhalb der Forstverwaltung grundlegend. Sein Nachfolger Hans Bachmann, ein „in der Wolle gefärbter" Forstmann und Rotwildjäger, versuchte mit wirklich allen ihm zur Verfügung stehenden Mitteln zu retten, was noch vielleicht zu retten war, aber erfolglos. Heute ist das von meinem Schwiegervater mit unglaublich viel Herzblut betreute Revier nur noch ein Schatten dessen, was es zu seinen Dienstzeiten in Bezug auf Jagd und Rotwild einmal war.

Man muss allerdings aus Gründen der Fairness einräumen, dass die damaligen Rotwilddichten in den von Natur aus äsungsarmen Hochlagen des Hunsrücks (auf 600 bis 800 Höhenmetern) erhebliche Schälschäden geradezu provoziert hatten. Diese als „Gott gegeben" hinzunehmen war man später nicht mehr bereit. Die Jagd hatte ab den achtziger Jahren des vorigen Jahrhunderts auch einen erheblichen Teil ihres gesellschaftlichen und ihres politischen Stellenwertes eingebüßt. Zu den Regierungszeiten des Ministerpräsidenten Helmut Kohl „hing" beispielsweise an jeder Landes-Verdienstmedaille ein Hirschabschuss im Staatswald, sofern der Geehrte Jäger war. Und es wurde gemunkelt, im Jagdhaus der AEG in der hohen Eifel seien mehr millionenschwere Vertragsabschlüsse getätigt worden als in der Konzernzentrale. Und wenn mein Schwiegervater den damaligen französischen Finanzminister und späteren Staatspräsidenten Valéry Giscard d'Estaing oder einen hohen General der amerikanischen Streitkräfte erfolgreich auf Hirsche zu Schuss gebracht hatte, dann wurde ihm auch „offiziell" von der Politik dafür gedankt. Ob eine solche Geste heute noch denkbar wäre – ich glaube es nicht.

D. Dr. Eugen Gerstenmaier
Präsident des Deutschen Bundestages

Bonn 14. Okt. 1964

Herrn
Oberförster Alfred Budenz

6581 Allenbach
über Idar-Oberstein
Forsthaus

Sehr geehrter Herr Budenz!

In Anerkennung Ihrer Bemühungen um die Jagd für den
französischen Finanzminister Giscard d'Estaing möchte
ich Ihnen meinen verbindlichsten Dank aussprechen und
Ihnen als kleine Erinnerung das beigefügte Jagdmesser
übersenden.

Mit allen guten Wünschen und Waidmannsheil bin ich

Ihr

[Unterschrift]

Dieser Verlust des politischen Stellenwertes der Jagd addierte
sich zu den Rotwildschäden in den folgenden Jahren hinzu, und
so stand einem „Krieg" gegen das Rotwild nichts mehr im Wege.

In seinem Pensionssessel litt Alfred Budenz wie ein Hund, weil
er mit ansehen musste, wie man mit „seinem" Revier und „seinen" Hirschen nun umging. Er verstand die Welt nicht mehr
und starb ziemlich verbittert im Jahre 1992.

Ich habe nie verstanden, dass man sich seine Rotwilderfahrung
und sein Wissen um diese Wildart nicht im Landesjagdverband
durch aktive Mitarbeit – beispielsweise im Schalenwildaus-

157

HEADQUARTERS
UNITED STATES ARMY, EUROPE
Office of the Engineer

Heidelberg, den 13 Oktober 1965

Herrn
Oberfoerster A. Budenz

6581 <u>A l l e n b a c h</u>
Revierfoersterei

Lieber Herr Oberfoerster Budenz!

Ich moechte die Gelegenheit wahrnehmen um mich nochmals fuer
die so ueberaus erfolgreiche Jagd bei Ihnen zu bedanken.

"Franz" wird einen Ehrenplatz in meinem Hause einnehmen, und
wann immer ich mir die Trophäe anschaue, werde ich mich an die
schoene Landschaft Ihres Revieres erinnern.

Ich hoffe Ihr Kollege hat das Revanche-Schiessen inzwischen
gut ueberstanden.

Nochmals meinen herzlichsten Dank, und freundliche Gruesse
an Sie und Ihre Familie.

Waidmannsheil

H. A. MORRIS
Brig Gen, USA

schuss – zunutze gemacht hat. Wäre er statt „nur" Forstamtsrat vielleicht Forstdirektor gewesen – wer weiß …

In seinem Nachlass fanden wir zwei Jagdtagebücher. Niemand
wusste, dass er überhaupt ein Tagebuch geführt hatte. Vielleicht wusste es meine Schwiegermutter, die aber war schon
fünfzehn Jahre vor ihrem Mann von uns gegangen.

Leider sind diese Bücher in Sütterlin geschrieben, und ich hatte
beim Lesen immer nur so eine ungefähre Ahnung, um was es da

ging. Nachdem ich über meinen Freund Thomas Weritz Frau Ulla Bäumker gefunden habe, die das alles „übersetzen" konnte, sehe ich etwas klarer. Diese Tagebücher sind tatsächlich ein Stück jagdlicher Zeitgeschichte, und ich möchte den geneigten Leser auf eine Zeitreise durch die Jahre 1952 bis 1964 mitnehmen. Dann enden die detaillierten Aufzeichnungen meines Schwiegervaters. Ab da hat er seine jagdlichen Erlebnisse und Strecken nur noch in tabellarischer Form in einem Schussbuch festgehalten.

Das von Alfred Budenz betreute Revier Allenbach-Nord war seit Ende der fünfziger Jahre ein ausgesprochenes Feisthirsch-Revier. 30 bis 40 Hirsche (!) hatten dort ihren Sommereinstand. Insofern sind seine alljährlichen Klagen über schlechte Brunftverläufe auch daraus zu erklären. 90 % „seiner" Hirsche waren eben im September/Oktober auswärts unterwegs, und nicht alle kamen heil zurück. Heute dürften im gesamten Forstamt nur noch ein Bruchteil dieser damaligen Zahl zu Hause sein.

Ein schmaler Leitz-Ordner voller an mich adressierter persönlicher Briefe – ebenfalls in Sütterlin von dem legendären Oberforstmeister Rudolf Frieß („R.F.") geschrieben – steht noch als weitere bibliophile Kostbarkeit in meinem Schrank. Es sind dies jedoch sehr persönliche Briefe, in denen er mit damals sehr bekannten Persönlichkeiten der Jagdszene ordentlich ins Gericht geht. Er hat aus seinem Herzen keine Mördergrube gemacht, und so eignen sich diese Briefe nicht für eine Veröffentlichung, so interessant und lehrreich seine Aussagen zu kynologischen Fragen und zur Wald-Wild-Problematik auch sind.

Ich habe nachstehend Alfred Budenz' Tagebuch-Prolog, die Zeit seiner Jugend im Saarland, die Kriegsjahre, die ersten Jahre in „seinem" Revier Allenbach-Nord ab 1948 und dann, ab 1952, seine Hirschbrunft-Schilderungen und kurze Nachsuchenberichte mit seinen Hannoverschen Schweißhunden aus den Tagebüchern herausgesucht und für dieses Buch zusammengestellt.

Wenn jemand kompromisslos und ausschließlich für „seinen" Wald und „seine" Hirsche gelebt hat, dann war es Alfred Bu-

Alfred Budenz 1953

denz. *Leben für Wald und Wild* – das wäre auch ein sehr passender Titel für eine Biografie über sein Leben gewesen. Auf der Mitteilung über seinen Tod hatten wir als Überschrift die Worte **„Ein Leben für Wald und Wild ging zu Ende"** gewählt ...

Seine Tagebuch-Aufzeichnungen stehen in Sprache und Inhalt für sich. Ich habe nur dort erläuternd „eingegriffen", wo beispielsweise Namen bestimmter Personen heute kaum noch jemandem präsent sind.

Wie der Name sagt, handelt es sich um ein „Jagd"-Tagebuch. Ich lege – aus gutem Grund – Wert auf die Feststellung, dass Jagd und Hege bei aller Passion damals dienstliche Pflichten waren. Absoluten Vorrang hatte selbstverständlich die Forstwirtschaft, die für sich allein schon den ganzen Mann forderte!

Für unsere heutigen Jäger der Generation „unter 50" und auch für die jüngeren Forstkollegen sind diese Lebenserinnerungen und viele der darin geschilderten Lebensstationen – Gott sei Dank – kaum noch nachvollziehbar. Aber gerade deswegen sollten sie nicht vergessen werden.

Mein 3.
Jagdtagebuch

Meine erstes Schießbuch ging auf
der Forstschule verloren.

Mein zweites Jagdtagebuch wurde
ein Opfer des Bombenkrieges.

Dieses Buch beginnt mit dem
Jagdjahr 1952/53.

Ellgenbach, den 31. III. 52
Alfred Rüding

Anmerkung!

Wenn ich erst wieder mit Beginn des Jagdjahres 1952/53 zur Führung eines Jagdtagebuches komme, so hat das seinen besonderen Grund.

Da meine jagdliche Aufzeichnungen aus frühester Jugend bis in den letzten Weltkrieg verloren gingen, werde ich in den nachfolgenden Zeilen versuchen, mein bisheriges Jagdleben in großen Zügen zusammen- zufassen, um dann als 1.IV.52 mit der Tagebuchführung zu beginnen.

Als Betreuer eines Großwildreviers kann ich selbstverständlich nicht jede kleinste Begebenheit notieren.

31./III.52

Mein 3.
Jagdtagebuch

Mein erstes Schussbuch ging auf der Forstschule verloren.
Mein zweites Jagdtagebuch wurde ein Opfer des Bombenkrieges.
Dieses Buch beginnt mit dem Jagdjahr 1952/53.

Allenbach, den 31.März 1952
Alfred Budenz

Anmerkung!

Wenn ich erst wieder mit Beginn des Jagdjahres 1952/53 zur Führung eines Jagdtagebuches komme, so hat das seinen besonderen Grund.

Da meine jagdlichen Aufzeichnungen aus frühester Jugend bis in den letzten Weltkrieg verloren gingen, werde ich in den nachfolgenden Zeilen versuchen, mein bisheriges Jägerleben in groben Zügen zusammenzufassen, um dann ab 1.April 1952 mit der Tagebuchführung zu beginnen.
Als Betreuer eines Hochwildreviers kann ich selbstverständlich nicht jede kleinste Begebenheit notieren.

31. März 1952

Schon als zwölfjähriger Junge legte ich mein erstes „Schussbuch" an, angeregt durch die Erlegung meines ersten Hasen, den ich nicht – wie üblich – unter Aufsicht auf dem Ansitz, sondern hochflüchtig beim „Buschieren auf eigene Faust", aber mit Genehmigung meines Vaters schoss. Heute müsste es schon ein hochjagdbarer Hirsch oder ein Hauptschwein sein, dessen Erlegung mich so aufregen könnte wie dieser erste Hase. In das Schussbuch wurde selbstverständlich alles eingetragen, was so im Laufe der Jahre zur Strecke kam. Es enthielt zwar nur nackte Zahlen, aber sie sollten ja auch nur für mich von Bedeutung sein.

Was so allgemein beim Jägerssprössling der Sperling ist, war bei mir der Eichelhäher, denn meine Jugend, besonders die Jahre der jagdlichen Vorbereitung, verlebte ich im väterlichen Forsthaus, und zwar auf dem Pfaffenkopf im Forstamt Saarbrücken, das tief im Walde liegt. Dort gab es keine Sperlinge, dafür aber umso mehr Eichelhäher. Da ich immer eine kleine Menagerie, darunter Füchse und Eulen hielt, mussten Häher, Krähen und verwilderte Hauskatzen herhalten. Ich bin heute fest überzeugt, dass es kaum eine freilebende Tierart gibt, die sich so gut für die jagdliche Vorschule eines „Jungen mit grünem Blute" eignet wie gerade der bunte Waldnarr. Bei der Gerissenheit und dem scharfen Auge dieses Rabenvogels ist seine Erbeutung kein Kinderspiel. Das Anpirschen und der gute Schuss aus der Kleinkaliberbüchse mit der Rundkugel ist geradezu eine ideale Schule für den zukünftigen Jäger. Später kommt dann der Schrotschuss auf den aus dem Kirschbaum abstreichenden Vogel dazu, als Übung für den Fortgeschrittenen. Vom Eichelhäher ging es dann auf Krähen mit der Vierlingsbüchse und mit der Schrotflinte auf den abendlichen Kräheneinfall an den Schlafbäumen. Im Frühjahr galt es dem rufenden Tauber, und im Sommer saß ich Stunde um Stunde im Getreidekasten und passte auf einfallende Ringeltauben. So kam ein Erfolg zum andern, und mit Stolz sah ich die Zahlenreihen im Schussbuch wachsen. Ich kann mich noch erinnern, dass ich in einem Jahr einmal ca. 450 Häher schoss, und es wären derer noch mehr geworden, wenn meine jagdlichen Unternehmen so auf eigene Faust im Revier meines Vaters nicht (wenn auch nur vorübergehend) ein „Stopp" bekommen hätten.

Mein Vater war in Urlaub, und ich zog mit seinem Drilling los, um einige Häher für meinen Zwingerfuchs zu schießen. Ich schoss gerade einen Häher vorbei, als ich plötzlich angerufen wurde. Ich war im Begriff auf diesen Anruf (in der Meinung es sei mein Bruder Erich) gar nicht zu reagieren, als sich der Anruf verschärft und unmissverständlich wiederholte. Zu meinem nicht geringen Schrecken erkannte ich in seiner Deckung den Chef meines Vaters, Forstmeister Müller–Saarbrücken. Dieser Herr war allgemein schon in jagdlichen Dingen sehr misstrauisch und konnte sich ohnehin mit der jagdlichen Freiheit seiner Beamten sehr schlecht abfinden. Um wie viel weniger hatte er Verständnis für die jagdliche Betätigung der Förstersbuben.

Hier hätte ein Unglück geschehen können. Der Anpfiff, den ich von ihm einstecken musste, war gewiss auch berechtigt. Die Wirkung war handfest, aber doch nur von kurzer Dauer. Mein Vater hat dann die Sache wieder in Ordnung gebracht, aber einen Rüffel gab es doch. Erwähnen muss ich, dass mein Vater in der Erziehung sehr streng war und kaum mit sich handeln ließ, aber in jagdlichen Dingen gewährte er uns Jungen sehr viel Freiheit. Diese Großzügigkeit äußerte sich nicht in väterlicher Affenliebe oder wohlwollenden Gesten. Er legte einfach eine größere Duldsamkeit an den Tag, überwachte aber unser Tun und Lassen sehr genau. Er ließ es sich nicht anmerken, aber er war auf seine passionierten Jungens doch sehr stolz. Unsere Mutter, die jagdlich ebenfalls sehr passioniert war, brachte natürlich unseren Erfolgen sehr starkes Interesse entgegen, was besonders für mich immer noch mehr Ansporn bedeutete. Heute kann ich nur sagen, dass diese Erziehung für mich die richtige war. Immer war das rechte Ventil für meinen jagdlichen Tatendrang vorhanden, und so brauchte ich nie über die Stränge zu schlagen. Für andere Dummheiten von Jungen in den Flegeljahren (Mädchen usw.) hatte ich ja keine Zeit. Aber meistens auch nicht für die Schularbeiten, die ich dann als Fahrschüler im Zuge oder gar nicht erledigte. An Ostern bekam ich die Quittung dann schriftlich, aber es ging immer eben so noch hin. Ich kann heute aber auch versichern, dass ich diese Freiheit nie missbraucht habe und den damaligen Verhältnissen entsprechend ein anständiger Jungjäger geblieben bin. Sehr früh war mir der Umgang mit der Jagdwaffe vertraut. Die Hauptwaffe blieb bis zum Eintritt in die Forstlehre die Kleinkaliberbüchse und die Vierlingsbüchse. Meine Schießfertigkeit war auch entsprechend.

Wenn auch vor Eintritt in die Forstlehre die Masse der Strecke aus nichtjagdbarem Kleinwild und Raubzeug bestand, so kam aber nach und nach immer mehr jagdbares Wild dazu. Ein Rehbock, ca. 20 Füchse, Hasen, Schnepfen, Rebhühner, Ringeltauben usw. Wie schon erwähnt, gingen die Aufzeichnungen verloren.

Den ersten Bock schoss ich im Gemeindewald Püttlingen, d.h., die erste Kugel galt ihm dort, da ich ihn aber überschoss und der Bock die Staatswaldgrenze überfiel, riss ihn dort die zweite Kugel zusammen und ließ ihn in den Grenzgraben rollen.

Den ersten Fuchs schoss ich an einem Hubertustag auf dem Morgenansitz im Revier meines Vaters.

Den ersten Hasen schoss ich auf der Suche, und zwar hochflüchtig.

Es würde zu weit führen, wollte ich die einzelnen Erlebnisse nachträglich aufführen, so wie sie noch unauslöschlich in meiner Erinnerung haften. Ich denke noch so oft an diese schönen Jahre mit ihren vielseitigen jagdlichen Erlebnissen.

So begann ich denn am 1. Oktober 1930 in meinem jetzigen Nachbarrevier Hoxel die ersehnte Forstausbildung und erhielt damit als Lehrherrn den damaligen Revierförster B. Jochmann, einen sehr guten Forstmann und Jäger. Wohnung nahm ich bei meinem Onkel Otto Ostermann, damals in Deuselbach Revierförster. Er war wohl der „wildeste Jäger" der Familie Ostermann, und ganz besonders hatten es ihm die Hirsche angetan. Im Jahre 1951 starb er im Alter von knapp 56 Jahren und hatte bis dahin 60 Geweihte gestreckt, vorwiegend natürlich Abschusshirsche ohne einen einzigen Fehlabschuss. Von ihm habe ich jagdlich, besonders in Bezug auf Rotwild, sehr viel gelernt, da ich auf diesem Gebiet ein sehr aufmerksamer Schüler war.

In der Revierförsterei Deuselbach brachte ich auch mein erstes Stück Kahlwild zur Strecke. Der strenge Maßstab und das gerechte Jagen in den staatl. Rotwildrevieren blieb auf mich für die Zukunft von prägendem Einfluss. Ich wurde in Bezug auf meine jagdlichen Kontakte ziemlich wählerisch und habe dadurch einen engeren Kontakt zu der zivilen Jägerei vermieden. Vielleicht war es nicht immer richtig, aber bis heute habe ich es nicht bereut. Wo es nicht ganz zünftig zuging, konnte ich keine Wurzeln schlagen. Mein zweites Lehrjahr verbrachte ich von Oktober 1931 bis Sommer 1932 in der Stadtförsterei Alt-Saarbrücken unter Hegemeister Weißmüller. Neben einigen Suchen auf Hase und Fasan bot sich wenig jagdliche Gelegenheit. Freude machte mir damals die Führung der Deutsch-Drahthaarhündin „Susel II. v. der Isenburg", die Eigentum meines Vaters war. Von der väterlichen Seite war ich in Bezug auf Hunde etwas erblich belastet, hatte aber wegen der Wohnungsverhältnisse keine Gelegenheit, mich mit der Führung von Hunden zu befassen. Über Teckel kam ich nicht heraus und mit den „Piepmännes" hatte ich immer dann Pech, wenn sie gut veranlagt waren. Zwei sehr gute Rüden endeten unter dem Auto. Nach der Forst- und Polizeischule war ich vorübergehend in der Revierförsterei Pfalzel (Mosel) tätig. Neben einigen Saujagden und Klepperjagden auf Niederwild in Gesellschaft oft fragwürdiger Jäger war dort jagdlich nicht viel zu holen, dafür hatte diese Zeit meine spätere Heirat zur Folge. Meine erste Sau schoss ich in dieser Zeit, und zwar in Kordel. Natürlich versuchte der Nachbarschütze mir die Sau streitig zu machen.

Dieses Verhalten war in den dortigen Jagdgesellschaften an der Tagesordnung wie das Raufen um den Fraß in der Wolfsrotte. Übrigens war diese Angelegenheit nicht ganz ungefährlich, denn wenn der Nachbar mit der Büchsenkugel einen Meter am Kopf vorbei und mit dem Flintenlaufgeschoss einen Meter vor die Füße schießt, hört der Spaß auf. Später schoss ich im gleichen Revier wieder eine Sau, die man mir ebenfalls absprechen wollte. Ich habe für alle Zukunft die Konsequenzen gezogen.

Am 1. April 1934 wurde ich dann endgültig in den Staatsforstdienst übernommen. Meinen Vorbereitungsdienst verbrachte ich nun vorwiegend in Rotwildrevieren (in den Forstämtern Morbach, Dhronecken, Hermeskeil und Prüm) und vorübergehend im Forstamt Bühren in. N.

Meinen ersten Hirsch schoss ich am 24. Oktober 1934 in der Revierförsterei Horbruch, Forstamt Morbach: einen älteren unger. Sechser. Wenn damals ein Hilfsförster einen Hirsch frei bekam, so war das eine ganz besondere Anerkennung. Im Jahr 1935 schoss ich zwei Abschusshirsche in der Revierförsterei Deuselbach. Einen ungeraden Kronenzehner (laufkrank) erlegte ich am 14. Januar in einem Fischweiher vor den Hunden. Ohne Überlegung stieg ich in voller Kriegsbemalung einschl. Mantel ins Wasser (genau bis zum Knie), um meinen Hirsch zu bergen. Ich habe nicht einmal einen Schnupfen davon getragen.

In der Brunft 1938 hatte ich in der Schneifel einen Abschusshirsch frei. Mein Können als Rotwildjäger sollte hier einen schweren Schlag bekommen. Im Beisein von Hedwig, meiner Braut, schoss ich auf dem Wildacker an der Kuhkanzel einen geringen ungeraden. Zehner vom „4. Kopf", und als ich an den Gestreckten herantrat, entpuppte er sich als Hirsch vom 2. Kopf. Der rote Punkt war damit fällig. Durch diesen Schock gingen mir im gleichen Herbst zwei Abschusshirsche durch die Lappen. Ich konnte mich einfach nicht mehr zum Schuss entschließen, da ich regelrecht vor dem Blick in den Äser Angst hatte. Aber eine ganz hervorragende Lehre für die Zukunft hatte ich damals eingesteckt.

Aus den Jahren meiner forstlichen Ausbildung besitze ich einen Schatz von schönen Erinnerungen, die ich nie vergessen werde.

Am 25. August 1939 machte ein militärischer Stellungsbefehl den dicken Schlussstrich unter den zweiten Abschnitt meines Jägerlebens. Was nun dem deutschen Waidwerk und der deutschen Jägerei bevorstehen sollte, war damals noch nicht abzusehen.

Meine jagdliche Tätigkeit in den Kriegsjahren in der Heimat und in Feindesland.

Zunächst stand ich im Grenzwacht-Regiment 75 an der deutsch-belgischen Grenze mit dem Standort Auw, Kr. Prüm. Unsere Aufgabe war es, im belgisch-deutschen Grenzgebiet zu patrouillieren, so kam ich täglich in mein Dienstrevier Schneifel. Zeitweilig bekam ich Urlaub für forstliche Betätigung. In diesen Urlaubsspannen jagte ich noch so viel wie eben möglich. So schoss ich in der Schneifel einen geringen Hirsch und einige Stücke Kahlwild. Einen jagdbaren Hirsch, einen ungeraden Vierzehnender, der mir angesichts der Lage freigegeben war, schoss ich im Troll auf einer schmalen Lücke vorbei. Übrigens der erste Schuss, den ich aus meiner Doppelbüchse, die ich gerade in dieser Zeit von meinem Schwager Theo geschenkt bekommen hatte, gelöst habe. So rückte das Frühjahr 1940 heran, und die jagdliche Betätigung in der Heimat war für lange Zeit beendet.

Konz.-Trupp als ungetrennliche Freunde zusammen. Alle jagdlichen Unternehmen im Feindesland wurden gemeinschaftlich im besten Einvernehmen und Gefolg unternommen. Im Sommer 1940 war uns in der Normandie reichlich Gelegenheit gegeben, um uns im Pirschen die nötige Erfahrung zu sammeln.

J. W.
fiel am
8. II. 1944
an der
Orne.

Leider hatten wir aber nur auf Karnickel Jagdgelegenheit. Die wir aber auch reichlich ausnützten.

Im August 1940 zogen wir mit

168

Alfred Budenz als Besatzungssoldat auf den britischen Kanalinseln – erfolgreiche Niederwildjagd

Mit dem M. G. Btl. 16 rückte ich am 10. Mai über die belgische Grenze. Mein lieber Kamerad Jupp Werner, seines Zeichens Berufsjäger, und ich fanden uns im Kompanietrupp als unzertrennliche Freunde zusammen. Alle jagdlichen Unternehmungen im Feindesland wurden gemeinschaftlich in bestem Einvernehmen und mit Erfolg unternommen. Im Sommer 1940 war uns in der Normandie reichlich Gelegenheit gegeben, im Frettieren Erfahrungen zu sammeln.

Leider hatten wir aber nur auf Karnickel Jagdmöglichkeit, die wir aber auch reichlich ausnützten.
Im August 1940 setzten wir mit unserer Einheit zu den Britischen Kanalinseln über. Dort hatten wir die nächsten Kriegsjahre sehr viel Jagdgelegenheit auf Karnickel und auf Enten und Schnepfen. Meine Strecke an Karnickeln belief sich auf ca. 2000 Stück, wogegen Jupp Werner ca. 3000 Karnickel zur Strecke brachte. Alle Einzelheiten in Bezug auf die Jagd selbst und die damaligen Schwierigkeiten zu schildern, würde zu weit führen. Wir jagten mit dem Frett, dem Hund, dem Netz und auf der Suche ohne Hund. Doch immer sahen wir auch im Karnickel nach deutschem Brauch das Wild als Geschöpf Gottes.
Im Frühjahr 1944 wurde Jupp Werner zum Festland zu einer neuen Einheit versetzt und damit trennten sich unsere Wege für immer. Am 8. IV. 44 starb er den Soldatentod an der Orne.
Für die Zeit, da wir auf den Kanalinseln von jeder Versorgung abgeschnitten waren, hat mir die Jagdflinte sehr große Dienste getan. Durch Jagen und Fischen konnte ich in meiner nächsten Umgebung den Hunger verhindern. Ich führte eine sehr gute engl. Flinte „Lewis & Sohn" Kaliber. 12. Als dann die Patronen immer knapper wurden, beschaffte ich mir von der Feldkommandantur eine schwachkalibrige einläufige Flinte im Kaliber .410 (entspricht unserem Kaliber 36). Ich schoss die Karnickel damit mit gutem Erfolg. In den Minenfeldern leistete die Kleinkaliberbüchse gute Dienste.
Diesem jagdlichen Treiben wurde durch den Zusammenbruch und die Gefangenschaft ein Ende gesetzt.
Erst am 14. Juni 1948 schlug für mich die Stunde der Freiheit.

Aus der Gefangenschaft heimgekehrt, hatte ich noch vor der Wiedereinstellung Formalitäten zu erledigen, für die heute jeder vernünftige Mensch nur noch ein mitleidiges Lächeln übrig haben kann. Schneller als erwartet kam ich wieder in den Forstdienst. Was ich nicht mehr zu hoffen wagte, wurde Wirklichkeit. Ich übernahm mit Wirkung vom 15. August 1948 die Revierförsterei Allenbach-Nord.
Als ich Allenbach-Nord übernahm, lag die gesamte Verfügungsgewalt noch restlos in den Händen der Besatzungsmacht. In forstlichen und jagdlichen Dingen war die Landesforstverwaltung absolut unselbstän-

dig. Fremdes Schiebergesindel raubte im Schutze der französischen Besatzung die Reviere aus. Die Jagd in den ehemaligen Gatterrevieren war noch, vielleicht zum Glück, für die oberen Verwaltungsorgane der französischen Militärverwaltung beschlagnahmt. Die erste Geige spielte der französische Forst- und Jagdoffizier von Rheinland-Pfalz, Kommandant Grainer. Wenn Grainer selbst noch jagdlich eine erträgliche Linie einhielt, so war es aber seine Umgebung, darunter besonders seine Frau, die eine unschöne Rolle gespielt hat. Jagdliche Möglichkeit bestand nur für die so genannten deutschen Jagdkommandos, deren Mitglieder fast restlos Aasgeiertypen waren.

Zunächst bestand für mich aus Vorsichtsgründen und Waffenmangel keine Jagdgelegenheit. Die Rotwildbestände waren noch leidlich, wogegen das Schwarzwild sehr überhand genommen hatte. Auf meinen unbewaffneten Reviergängen bei Tag und Nacht sah ich fast täglich Sauen.

So stand ich im Februar bei Mond und Schnee einmal ca. 30 Minuten auf 25 Schritt vor einer Rotte von 14 Sauen, dabei zwei stärkere Keiler, die sich um die Rotte schlugen. Da reifte in mir der Entschluss, nicht mehr länger untätig zuzusehen. Bei meinem Vorgänger pumpte ich mir eine alte, fast unbrauchbare Mauserbüchse, die ich mir nach bestem Können „verarztete". Zunächst wollte es nicht klappen. Versager, Fehlschüsse usw. waren an der Tagesordnung. Aber mit der Zeit kam auch der Erfolg. Später entlieh ich mir bei O.O.O. (Oberförster Otto Oswald) eine Bockbüchsflinte, da ging es schon besser, und als ich dann den Drilling meines Schwiegervaters in die Hand bekam, klappte es oft schneller, als es mir lieb war ...

Natürlich ging das Wildbret nur in die eigene Küche und die meines Vorgängers. Schiefe Geschäfte kamen nicht in Frage. Mein Vorgänger Rosenfeldt hat sich dabei nicht ganz einwandfrei verhalten. Der Jagdneid hatte ihm stark zugesetzt. Besonders als ich am 15. Oktober. 1949 in Distrikt. 90 d einen sehr guten Zwölfer schoss, konnte er sich nicht mehr beherrschen, und es steht fest, dass er nicht dicht gehalten hat. Dieser Zwölfer, 102 cm durchschnittliche Stangenlänge und 6 kg Geweihgewicht, blieb der einzige Hirsch, den ich in dieser finsteren Zeit schoss. Meine gesamte „schwarze" Strecke bis Weihnachten 1950 bestand aus diesem jagdbaren Hirsch, zwei Stücken Kahlwild, zwei Böcken und neunzehn Sauen, darunter zwei stärkere Keiler. In dieser Zeit habe ich wie früher und später einwandfrei nach waidmännischen Gesichtspunkten und ohne jegliche Geschäftemacherei gejagt. So brauche ich heute mit sauberstem Gewissen keinen Hehl aus meinem jagdlichen Tun in der damaligen Zeit zu machen. Verstoßen habe ich gegen die Befehle der franz. Militärregierung (Ehrensache) und vergriffen an einem Gut, das dem rechtmäßigen Besitzer gewaltsam entzogen war. Mit dem Augenblick, als die Jagd wieder in unsere Hände zurückfiel, war für mich jedes schwarze Jagen ein Dienstvergehen und kam somit nicht mehr in Frage.

Alfred Budenz mit seinem in der „Franzosenzeit"
schwarz geschossenen Ia-Hirsch (15.10.1949)

Zunächst ging die Jagd nur Schritt für Schritt in unsere Hand über, und man ist nur zögernd mit einer Waffe ans Tageslicht getreten. Erst das Jagdjahr 1952/53 hat uns wieder in den freigegebenen Revieren, darunter Allenbach-Nord, die volle jagdliche Souveränität gebracht. So haben wir die jagdliche Freiheit schneller wieder in die Hand bekommen, als wir es nach dem Zusammenbruch ahnten. Die Gründe hierfür gehören nicht in ein Jagdtagebuch. Die sichtbaren Erfolge in den nun zwei Jahren der freien Jagdausübung stellten mich restlos zufrieden. Schoss ich doch ab Januar 1951 bis zum Ende der Jagdjahres 1951/52 einen Abschusshirsch am 11. August 1951, sieben Stücke Kahlwild und 28 Sauen. Am 11. Februar 1951 schoss ich in Distr. 81 (am Rossberg) einen beachtlichen Keiler auf dem Nachtansitz. Der Keiler war laufkrank und stark abgerauscht und wog daher nur noch 85 kg. Im Sommer baute ich dann das Drahtgatter von Hüttgeswasen bis zur Reviergrenze Langweiler. Von diesem Augenblick an war es mit dem Sausegen zu Ende. Das Gatter war so dicht, dass sich das Schwarzwild schlagartig aus dem Revier verzog, da es nicht mehr auf die Felder austreten konnte. Ebenso schlagartig war auch der Wildschaden auf der Gemarkung Allenbach/Wirschweiler beseitigt.

Durch die planlose Bejagung des Rotwildes durch die Besatzungsmacht war der Rotwildbestand in seiner Güte im Verhältnis zur Vorkriegszeit erheblich zurückgegangen. Das Geschlechterverhältnis war denkbar schlecht, nach meiner Schätzung 1 : 4 oder 1 : 5. Zwar hatte und habe ich in der Feistzeit fast nur Hirsche (vorwiegend geringeres Zeug) im Revier, in der Brunft war aber in den letzten Jahren so gut wie nichts los. Nach der Brunft tauchte dann immer Kahlwild auf, wogegen die Hirsche erst im Frühjahr zuwechselten. Das soll nach Aussage meiner Vorgänger schon immer so gewesen sein. Die Hirsche sollen in der ersten Augusthälfte das Revier verlassen haben. Bis im Sommer 1951 war das auch regelmäßig der Fall. Aber im Sommer 1952 habe ich eine positive Veränderung festgestellt, denn die Hirsche blieben bis kurz vor der Brunft. Ich führe das auf die absolute Ruhe im Revier und die Anlage von Salzlecken zurück. So standen in der letzten Feiste neben einigen Mittelhirschen und viel „Gerappel" in der Fichtendickung Distrikt 99 zwei gute jagdbare Hirsche: ein sehr guter Zwölfer mit sehr regelmäßigem und gut ausgelegtem Geweih und ein guter ungerader Vierzehnender. Beide Hirsche müssen mindestens noch 2 bis 3 Jahre am Leben bleiben, um den Höhepunkt zu erreichen. Besser aber wäre es, wenn diese Hirsche noch fünf bis sechs Jahre als Vererber ihre Fährten ziehen könnten. Da ab 1. Januar 1953 dieser Revierteil aus meinem Revierteil herausgenommen wurde, habe ich nun leider keinen Einfluss mehr auf die Zukunft dieser beiden Hirsche. Was die Bejagung von Abschusshirschen betrifft, habe ich mal wieder „den Anständigen" gespielt, so dass ich keinen stärkeren Abschusshirsch bekam. Ich hatte drei Hirsche dieser Klasse vor der Büchse, schoss aber

173

nicht, um nicht als schusshitzig angesehen zu werden. So kam ich um
den Hirsch, d.h., nach der Brunft kam auch noch ein dicker Happen Pech
dazu. In Distrikt 74 hatte ich in der Mittagsstunde plötzlich den lange
gesuchten ungeraden Zehner, „den Schwarzen", vor mir. Auf 120 m kam
ich einwandfrei ab, der Hirsch ging ohne Zeichnen gesund hinter dem
Kahlwild ab. Was war geschehen? Durch das Zielfernrohr sah ich nicht,
dass ich auf Schrot geschaltet hatte und schoss so mit „Nummer 3" in die
Landschaft. Eine anständige Ohrfeige hätte ich verdient gehabt. Kurz vor
der Brunft wurde der Abschuss der Hirsche der „groben Auslese" unbe-
grenzt freigegeben. Am 4. Oktober schoss ich einen Achter mit linksseitig
fehlender Mittelsprosse und im Winter einen laufkranken Gabler. Neben
diesen beiden Hirschen erlegte ich im Laufe des Winters noch 18 Stücke
Kahlwild, davon 15 Stücke auf der Pirsch im eigenen Revier. Die restli-
chen drei Stücke Kahlwild schoss ich auf einer Drückjagd in der Revier-
försterei Langweiler an einem Jagdtag, an dem ich damit die ganze Ta-
gesstrecke lieferte. Mit Sauen war es in diesem Winter denkbar schlecht
und ganz besonders in Allenbach-Nord. Meine Gesamtstrecke in diesem
Jahr betrug 10 Sauen, davon eine Sau auf der Einzeljagd. Die Schnee-
verhältnisse waren zum Bejagen des Schwarzwildes leider zu gut. Hat-
ten wir doch den ganzen Dezember und Januar guten Spürschnee. Ende
Januar glaubten wir, nun hätten wir es geschafft mit dem Schnee, und
schon setzte wie in den beiden letzten Jahren ein Schneefall ein, so dass
wir zurzeit im Revier 40–50 cm Schnee haben. Am Erbeskopf beträgt die
Schneelage bis 80 cm. So muss nun Mitte Februar noch gründlich gefüt-
tert werden. Mit Heu bin ich gut eingedeckt. Zurzeit steht sehr wenig Wild
im Revier. Ein Rudel Kahlwild und vier oder fünf geringe Hirsche (d.h. in
dem mir noch verbliebenen Teil im Gatter). Durch die Neueinrichtung der
Revierförsterei Wirschweiler habe ich ab 1. Januar 1953 den größten Teil
des alten Reviers abgegeben und bekam dafür Ersatz von Allenbach-Süd.
Der zugeschlagene Revierteil ist z. Zt. noch von Franzosen für Saarländer
beschlagnahmt. Zwar wird die Jagd sehr schonend bejagt, aber solange
die Jagd nicht voll in deutscher Hand, und zwar der Staatsforstverwal-
tung ist, habe ich dort auf diesem Gebiet nichts verloren. Ich hoffe, dass
sich die Verhältnisse nun bald ändern – wenn die tatsächlichen Jagd-
pächter Weber und Dechent aus Saarbrücken auch glauben, sich hinter
den französischen hohen Kommissar stecken zu können, um dadurch eine
Fristverlängerung zu erzwingen. Wenn diesen beiden Herrn auch jagdlich
nichts vorzuwerfen ist, so sehe ich dennoch nicht ein, warum sich Leute
mit dickem Geldbeutel in den Staatsjagden breit machen. Bei dieser Ge-
legenheit sei noch zu erwähnen, dass die SPD im Landtag mal wieder
den Antrag gestellt hat, einen Teil der Staatsjagden zu verpachten. Eine
treibende Kraft in dieser Richtung war der Amtsbürgermeister König aus
Kempfeld. Natürlich steckte dahinter Stimmenfang für den Sprung in den
Bundestag. Wie so ganz schüchtern bekannt wird, hat der Landtag zu un-

sern Gunsten entschieden. In den Debatten über diesen Punkt innerhalb der grünen Farbe musste ich mit Bedauern feststellen, dass ein Großteil in den eigenen Reihen schon nach den in Aussicht stehenden „Papierlappen" geschielt hat. Die Trinkgeldknechte witterten schon fette Happen von den Herrn Neureichen. Die Sache scheint ihnen aber mal wieder an der Nase vorbei gegangen zu sein.

Nachtrag: die Franzosen haben die Abmachungen mit den DJV und der Staatsforstverwaltung nachträglich wieder umgestoßen. Nach diesen Vereinbarungen hätten die französischen Jäger für ihr Jagdvergnügen auch zahlen müssen, und das wollten sie nicht. So bleibt der südliche Revierteil vorerst noch in französischer Hand. Ich werde jede jagdliche Betätigung dort ablehnen.
Noch eine Sache. Für den Fall der Freigabe ist vorgesehen, von der Revierförsterei Allenbach-Süd acht Distrikte zur Gemeindejagd Allenbach zu schlagen (Vereinbarung Amtsbürgermeister König einerseits und Staatsforstverwaltung andererseits). Damit ist für mich jeder jagdliche Kontakt mit dem Pächter ausgeschlossen.

Die Jagd ist nicht mehr das, was sie vor dem Kriege war, und ich bezweifele, ob sie es in absehbarer Zeit wieder wird. Vielleicht – wenn die Nachkriegsgewinnler abgewirtschaftet haben. Auch im Jahr 1953 konnte ich die Hirsche, ca. 40, durch die ganze „Feiste" halten. Ruhe im Revier!

Der von mir angefachte Kampf um den Umbau bzw. Weiterbau des Wildgatters ist nun unter Zuhilfenahme der öffentlichen Meinung siegreich überwunden. Der Umbau hat bereits begonnen. 8. Oktober 1953.

Vorbedingungen für die Gehörn- und Geweihbildung im Jagdjahr 1954 durch eine Buchen-Vollmast im Herbst 1953 sind sehr gut.

1955: Die Brunft in diesem Jahr setzte um den 24. September ein und entwickelte sich im Gegensatz zu den letzten 3 Jahren fast normal. Am 1. Oktober setzte ein Wetterumschwung mit Wind und Regen ein. Damit nahm der Brunftbetrieb ab. Mit dem 5. Oktober war die Brunft praktisch zu Ende. Meinen Hirsch habe ich noch nicht zur Strecke. Der „Schwarze" soll in Tranenweiher gesichtet worden sein.
Der Anteil an Kronenhirschen ist sehr hoch. Die Abschussrichtlinien müssten unbedingt für das nächste Jahr erweitert werden. Mit den jetzigen Richtlinien kann der Abschuss an (Abschuss-)Hirschen nicht mehr erfüllt werden. – 10. Oktober 1955.

Brunft 1953

Beobachtungen:

17. September

In Abt. 69 ein einzelnes. Stück Rotwild, wahrscheinlich 2j. Schmaltier. In Hüttgeswasen meldete ein Hirsch einige Mal nach Büchsenlicht.

Wetter: klar

Wind: mäßig aus West.

18. September

Am Morgen: 4.45 Uhr meldete wieder der Hirsch in Hüttgeswasen. In Abt. 76 b nichts, auch in Hoxel ist es still.

6.30 Uhr meldete der Hirsch in Hüttgeswasen und zog dann nach Abteilung 62 a. Zur gleichen Zeit zog ein ungerader. Eissproßenzehner (Abschusshirsch) von Abt. 69 durch 68 nach 71.

Wetter: mäßig warm und Regen.

Wind: aus Süd-West.

19. September

Total verregnet.

20. September

Am Morgen: Bei werdendem Büchsenlicht meldeten zwei oder drei Hirsche in Hüttgeswasen. An der Dhronecker-Wiese meldete ein Hirsch zweimal schwach, es hatte den Anschein, als stände er vor dem Gatter auf der Gemeindejagd.

Bei Büchsenlicht zog ein 2j. Schmaltier von Abt. 69 nach 71. In Abt. 72 c ein Alttier, und während ich in 72 a einen Schirm baute, flüchtete ein Hirsch (nichts Besonderes) in den Buchenjungwuchs.

Wetter: leicht bewölkt

Wind: aus Süd-West, mäßig warm.

Am Abend. Nicht im Revier. Regenschauer.

21. September

Am Morgen: Im Bett.

Über Tag: Schauertätigkeit.

Am Abend: Nichts gehört u. gesehen.

Wetter: Westwind mit Regenschauer.

22.–23 September

Wind u. Regenschauer aus West und Süd-West.

24. September.

Totalausfall wegen Beerdigung von Oberförster Reichardt in Trier.

Jagdpächter Dreher schoss auf der Gemeindjagd Allenbach einen Kronenzehner.

25. September
Am Morgen meldete bei kommendem Büchsenlicht ein Hirsch mit guter Stimme in Hoxel u. ein Hirsch in Abt. 56.
Am Abend trat in Abteilung 76 a Tier mit Kalb u. Spießer aus und zogen wieder ein. Auf dem Äsungsplatz stand bei schwindendem Büchsenlicht ein geringer Hirsch (Achter oder unger. Zehner) bei Tier und Kalb. In Abteilung 56 meldete ein Hirsch.

26. September
Am Morgen: In 76 stand ein geringer Achter beim Rudel und schrie schwach. In 56 meldete wieder ein Hirsch, sonst Grabesstille. Am Nachmittag traf der erste Jagdgast für Allenbach-Nord ein. Der Präsident der Landwirtschaftskammer in Koblenz, Herr Gibardt. Er soll einen IIb-Hirsch schießen. – Erfolgsaussichten: ???!!!
Am Abend: Ansitz in 80 a. Bei schwindendem Büchsenlicht trat an der oberen Dickungsecke ein Tier mit Kalb aus. Kein Schrei war zu hören.

27. September
Am Morgen: Vor Büchsenlicht waren wir in 76 a auf der neuen Kanzel. Keinen Anblick. In Hüttgeswasen meldeten die Hirsche leidlich. Auf der Südseite meldete ein Hirsch gut in der Nähe des Birkenbruchs. Vom „Buus" hörten wir einen Hirsch schwach melden.
Am Abend. Auf der Kanzel 80 a. Nichts zu hören noch zu sehen. Gegen 21.00 Uhr meldete der Hirsch vom Buus.
Wetter: warm / Wind aus Ost.

28. September
Am Morgen: Vor Büchsenlicht in 83 – Wirschweiler. Diese Abteilung ist mir zur Führung der Gäste zur Verfügung gestellt. Auf der Fläche stand nichts. In Hoxel hinter der „OK-Hütte" meldete ein Hirsch und verstummte bei Einbruch des Büchsenlichts. Dann bezogen wir den Hochsitz in 80 a, wo sich nichts tat. Von 7.00 Uhr ab pirschten wir durch Abteilung 75 nach 68. In 73 am Gatter vertraten wir zwei Tiere und ein Kalb. Früh meldete der Hirsch vom Buus sehr faul. Überhaupt ist im Schreien kaum Schwung festzustellen. Ein Zeichen von noch hohem Kahlwildüberhang. Um 8.00 Uhr setzte leichter Regen ein. Präsident Gibardt ist voraussichtlich für einen Tag nach Hause gefahren. Der Regen verstärkte sich und hielt bis in die Nacht an. Ich war am Abend nicht im Revier.
Wetter: Regen, Westwind.

29. September
Den Morgen verschlafen. Am Vormittag fährtete ich das Revier ab. Mageres Ergebnis. In Abteilung 83 auf der 4. Schneise fährtete sich ein Tier

mit Kalb u. ein mittlerer Hirsch, an der Salzlecke auf dem Äsungsplatz ein geringer Hirsch. An der Salzlecke in 75 ein Tier mit Kalb und geringer Hirsch. In 72 a wurden ein Spießer und ein Kalb flüchtig.
Am Abend mit Präsident Gibardt in 75, ohne etwas zu sehen oder zu hören.
Wetter: Über Tag sonnig, gegen Abend empfindlich kalt.
Wind: Nord-West.

30. September

Am Morgen: Ansitz mit Präsident Gibardt auf dem Hochsitz in 69. Es meldeten mehrere Hirsche in den Nachbarrevieren. In meinem südlichen Revierteil meldete ein Hirsch an der Staatsdickung und einer im Baustert. Bei werdendem Büchsenlicht schrie dann plötzlich ein Hirsch in Abt. 68, der nach 67 einzog. Alttier, Schmaltier und Kalb traten über die Straße nach 69 und zogen dann wieder nach Hüttgeswasen zurück.
Am Nachmittag um 15.30 Uhr saßen wir an den Leysers-Fichten auf dem Hochsitz. Um 4.15 stieß der Hirsch einmal an – wie sich später herausstellte in Abt. 67. Nach längerem Schweigen sprengte der Hirsch scheinbar in den Buchen in 68. Darauf pirschten wir durch den alten Holzabfuhrweg durch 67 hoch in der Hoffnung, den Hirsch in 68 zu Gesicht zu bekommen. Als wir die Buchen erreicht hatten, polterte es neben uns. Der Hirsch mit Wild wurde in Richtung Leysers-Fichten flüchtig, beruhigte sich aber bald wieder und knörte einmal kurz. Dann ereignete sich nichts mehr bis kurz vor Schluss des Büchsenlichtes. Dann zog ein geringer Hirsch durch 68, und in der Dämmerung traten 2 Stück Wild unterhalb des Nullweges aus 71 aus. Vom Hirsch war nichts zu sehen. Ein Hirsch meldete im Baustert oder in Hüttgeswasen.
Wetter: Über Tag sonnig, am Abend kalt.
Wind: aus Nord.
*Um 18.30 fielen in Abteilung 62 zwei Kugelschüsse kurz hintereinander.

1. Oktober

Am Morgen: Mit Präsident Gibardt wollte ich durch Abteilung 67 dem Hirsch vom Vorabend den Wechsel verlegen. Aber vor Büchsenlicht meldete er schon auf der kleinen Kultur in der Dickung und zwang uns so zum Rückzug, um nichts zu verderben. Wir bezogen die Kanzel in 69. In der Austauschfläche meldete ein Hirsch schwach, wo um 6.30 Uhr dann ein Schuss fiel. Am Nachmittag früh saßen wir auf der Kanzel an den Leysers-Fichten bis nach Büchsenlicht, ohne etwas zu hören oder zu sehen. Wahrscheinlich steht der Hirsch nicht mehr beim Rudel.
Wetter: Sonnig/am Abend frisch.
Wind: Nord-West.
*Nach dem Frühansitz stellte ich in Abt. 56 die Arbeiterinnen an. Dort traf ich auf einen Franzosen, einen Mitpächter der noch beschlagnahmten Jagd. Nun klärten sich die Schüsse auf. Dieser Franzose schoss am Vora-

bend in Abt. 56 auf der Kultur einen jagdbaren ungeraden Vierzehnender mit idealen Becherkronen. Alter 8–9 Jahre, „Zuchthirsch", wie man ihn sucht. Dazu schoss er noch ein Kalb. Am Morgen erlegte er in der Austausch-fläche einen ca. fünfjährigen Zehner. Dieser Hirsch hatte wenig Zukunft. Mein Jagdgast fuhr nach dem Ansitz nach Hause und will am Samstag wiederkommen.

2. Oktober
Am Vormittag pirschte ich durch die Abteilungen 69, 68, 67 u. 71. An der Kanzel an den Leysers-Fichten standen 3 Stück Wild ohne Hirsch. In 71 ein Tier mit Kalb.
Am Abend in Abt. 68 sah ich wieder den Spießer und das Kalb. Auf der Abteilungslinie 69/72 zwei Tiere.
Wetter: sonnig.
Wind: Ostwind.

3. Oktober
Auf der Frühpirsch sah ich in 72 a Tier mit Kalb, in 68 zwei Stücke Wild mit einem Spießer oder Gabler. Präsident G. kam nicht. Am Abend sah ich auf der Bahnlinie Abt. 82 ein Tier mit Kalb und auf der Kultur 83 ebenfalls ein Tier mit Kalb. Kein Schrei war zu hören.
*Am 2. Oktober schoss Oberforstmeister Dr. Heuell in Wirschweiler einen unger. Zehner.

4. Oktober
Sonntag. auf der Vormittagspirsch nichts zu hören noch zu sehen. Von der Brunft ist nichts mehr zu merken.

5.–6. Oktober
Nichts unternommen.
Wetter: trocken, herbstlich. kühl.
Inzwischen hat der Gatterumbau begonnen.

7. Oktober
Am Abend saß ich in Abteilung 69 auf der Kanzel. Noch bei Büchsenlicht zog ein Rudel, Alttier, Schmaltier und Kalb mit einem jungen ungeraden Zehner (3.–4. Kopf), an der Kanzel vorbei. Der Hirsch stand zu Beginn der Brunft in Abt. 79/80 bei Tier mit Kalb.
Nach Büchsenlicht stieß ich in Abt. 68 mit 3 Stück Wild und einem gerin-gen Hirsch zusammen. Ein Spießer bekam mich weg, und dadurch wurde das Rudel flüchtig.
Allem Anschein nach wechselt das Wild nun wieder hier an – die bekann-te alljährliche Erscheinung.

8.–9. Oktober

Vor Büchsenlicht vertrat ich in Abteilung 68 ein Tier mit Kalb. Als es hell wurde, zog ein Zehner von 5.–6. Kopf auf 30 Schritt an mir vorbei. Der Hirsch hatte die linke Stange über der Mittelsprosse abgekämpft. Am Abend standen in Abteilung 76 a Tier mit Kalb. Nach Büchsenlicht zog von 82 nach 80 ein schwaches Rudel mit geringem Hirsch.
Wetter: klar, gereift, am Abend kalt.
Wind: aus Nord.

10. Oktober

Am Morgen: Abteilung 72, Tier mit Kalb nach 71. Der Hirsch mit der abgebrochenen Stange vom Vortag zog vom Tannenwald nach Abteilung 71. Auf der Kultur 72 c ein junger Achter und ein ungerader Sechser. Im Buchenjungwuchs Geweihklappern.
Am Abend: Mit Präsident Gibardt auf dem Hochsitz in 69. An Rotwild nichts. Den Gabelbock, den ich in 72 vorbeigeschossen habe, sahen wir. Im südlichen Revierteil fielen wieder zwei Schüsse.
Wetter: am Morgen klar u. stark gereift, über Tag sonnig, am Abend schon wieder kühl.
Wind: aus Nord-Ost.

11. Oktober

Am Morgen meldete der Hirsch auf dem Buus noch recht gut. In Abteilung 68 wurde Tier mit Kalb und ein „Schneider" flüchtig.
Ab 6.30 Uhr bis gegen 9.00 Uhr fielen im Südteil des Reviers und Allenbach-Süd ACHT!! Schüsse.
Was geschossen wurde, ist nicht bekannt geworden. Kollege Sänger fand drei Tage später ein verludertes Hirschkalb.
Wetter: klar und gereift.
Wind: aus Ost.
Präsident ist abgereist.

13. Oktober

Zum ersten Mal nahm ich „Pascha", meinen jungen Hannoverschen Schweißhund (sein Stammbaum lautet auf „Kobold vom Jägeranger", und er ist ein Sohn des berühmten „Barth-Heiseke") mit ins Revier.

Hirschbrunft-Bericht 1954

20.18.54

Bisher sah ich nur noch Wild ohne
Hirsch, meist einzelne Tier und Kälber.

Kurz vor Mittag stand in Abt. 67,
kleine Kulturfläche ein geringer Zehner
bei Tier u. Kalb. Am Abend nichts.

21. IX.

Früh war ich im Ostteil des Reviers,
sah und hörte nichts. 6.30 fiel ein
Schuss an der Braunauerschachen,
Heggang hat ein Kalb geschossen.
Am Abend auf dem Hochsitz Abt. 80a.
Um 18.30 Uhr zog ein ger. Sechserfolgen
ziehen (26) von Abt. 82a nach 80b
mit 3 Stück Wild. Um 18.50 standen
auf der Aefnlins 3 Stück Wild. Ob
der Schuss der Störung galt?

Hirschbrunft-Bericht 1954

20. September
Bisher sah ich nur Kahlwild ohne Hirsch, meist einzelne Tiere mit Kälbern.
Kurz vor Mittag stand in Abteilung 67, auf der kleinen Kulturfläche ein geringer Achter bei Tier u. Kalb.
Am Abend nichts.

21. September
Früh war ich im Südteil des Reviers, sah und hörte nichts. Um 6.20 Uhr fiel ein Schuss an der Tranenweihererstraße. Kollege Stephany hat Kalb geschossen.
Am Abend auf dem Hochsitz 80 a. Um 18.30 Uhr zog ein geringer Eissprossenzehner von 82 a nach 80 b mit 3 Stück Wild. Um 18.50 standen auf der Bahnlinie 3 Stücke Wild. Ob der Hirsch noch in der Dickung stand?

22. September
Um 12 Uhr meldete ein Hirsch im „Tannenwald" schwach, aber anhaltend. Am Abend am Äsungsplatz Abteilung 56. Es regnete stark, und zu sehen war nichts.

23. September
Vor Büchsenlicht im Nordteil, dicker Nebel, nichts.
Am Abend im Südteil. Ein „Schneider" äste auf der Kultur 56, sonst nichts gesehen.

25. September
Früh von 5–11 Uhr im Südteil nichts. Wind und Regen.
Nachmittags von 3 Uhr bis nach Büchsenlicht nichts. Regen.

26. September
Sauwetter. Fernmündliche Umfrage in der Nachbarschaft, dort die gleichen Verhältnisse.
Am Nachmittag traf mein Bruder Otto mit seinem Pastor und noch einem Herrn ein, um Hirsche zu hören und zu sehen. Am Abend bei dem herrschenden Wind natürlich nichts.

27. September
Am Morgen strömender Regen. Am Spätnachmittag hellte es auf, und am Abend herrschte klares Wetter mit Frost. Auf der Kultur in Abteilung 56 stand ein Tier mit Kalb und dabei zwei geringe Achter. Nach Büchsenlicht schrie ein Hirsch an der Idarbrücke. Er zog vor mir über die Straße mit einem Stück Wild, und ich glaubte noch Kronen festgestellt zu haben.

Auf der Kultur Abteilung 69 b schrien zwei Hirsche. Kurz nach 17 Uhr sah ich einen mittleren Zehner mit zwei Stücken Wild in den hohen Fichten in Abteilung 70. Der Hirsch schrie auch schwach. Ich nahm an, dass er später in 69 b stand. Weitere Hirsche meldeten noch in Hüttgeswasen. Auf der Südseite war alles still.

28. September

Früh herrschte klares, windstilles Wetter mit starkem Reif. So ein rechter Brunftmorgen. Ich war schon vor Büchsenlicht auf dem Hochsitz in 69 a. Ein Hirsch meldete auf der Kulturfläche. Bei Büchsenlicht sah ich den Hirsch kurz mit Tier und Kalb, konnte ihn aber nicht ansprechen. Weiter sah ich noch zwei geringe Achter, zwei Spießer und ein Kalb.

Am Abend war ich mit Hedwig auf dem gleichen Hochsitz, aber es war dort nicht viel los. Neben einem Schmaltier und dem Kalb vom Morgen sahen wir einen mäßigen Zehner. Nur aus dem Tannenwald meldete ein Hirsch schwach. Aus Richtung Allenbach-Süd meldete ebenfalls ein Hirsch.

Als ich am Morgen nach Hause kam, wurde ich gleich von den Jagdpächtern von Wirschweiler, den Herren Uhl und Becker, zur Nachsuche auf einen Hirsch in den „Wirschweiler Hecken" abgeholt. Der Hirsch war um 6.30 Uhr beschossen, zeichnete mit Hochflucht und tat sich fünf Schritte hinter dem Anschuss nieder. Nach zwei Stunden wurde er vor dem Schützen hoch und nahm die Dickung an. Nach dem Pirschzeichen auf dem Anschuss sprach ich den Sitz der Kugel als „vorne tief" an. Pascha arbeitete die Rotfährte einwandfrei bei gutem Schweiß. Nach ca. 400 m fand ich das erste frisch verlassene Wundbett. Nun arbeite der Hund etwas stürmisch. Inzwischen wurde der schwerkranke Hirsch von einem Hochsitz aus gesichtet, und auf gleicher Fährte wechselte ein Keiler durch. An dieser Stelle kam der Hund von der Fährte ab, fand sich aber bald wieder zurecht. Nach weiteren 300 Meter wurde der Hirsch plötzlich auf 5 Schritt aus dem Wundbett hoch und schreckte dabei. Pascha erschrak sehr. Nun schnallte ich ihn, und sofort nahm er die Fährte auf. Nach etwa zwei Minuten Standlaut, der aber nach weiteren zwei Minuten verstummte. Auf Pfiff kam der Hund zurück, am Riemen führte er zum kranken Hirsch, der noch auf den Läufen war und den Fangschuss von mir auf den Stich bekam. Pascha verbellte solange, wie der Hirsch noch Leben zeigte. (Gewicht 115 kg).

Ich war mit der ersten Arbeit an Rotwild sehr zufrieden. Pascha war nun zum ersten Mal am lebenden Stück und zum ersten Mal allein in einer Dickung. Es war ihm am gestellten Stück wohl nicht ganz wohl, zumal der Hirsch fortwährend schreckte, so ist auch das Ablassen vom gestellten Stück zu erklären.

Es war ein ungerader Achter und auch nicht falsch geschossen, etwa vierjährig. Die Kugel saß ganz vorn, hatte den Oberarmknochen zertrümmert, Ausschuss am Stich. Patrone: 8 x 57 mit Bleispitzgeschoß.

29. September

Früh sah ich bei kommendem Büchsenlicht auf der Kultur in Abteilung 69 b vom Hochsitz aus einen geringen Hirsch, in 73 ein Tier mit Kalb. Das war alles. Wind und bedeckter Himmel. Am Nachmittag bis Abend herrschte Sauwetter mit Schnee- und Hagelschauern. Am Abend in Abteilung 80 a nichts.

30. September

Früh kalter Wind. In Hoxel schrien 2 Hirsche, und im Tannenwald war eine Stimme nur schwach zu hören. Gesehen: nichts.
Am Nachmittag bis in die Nacht Sturm mit Regen – Sauwetter.
Ich blieb im Bau.

1. Oktober

Am Morgen nichts.
Am Abend in Abteilung 56 (Kultur) ein dreijähriger Sechser mit Alttier, Kalb und zwei Schmaltieren. Kein Ton zu hören.

2. Oktober

Am Vormittag wurde Pascha am linken unteren Augenlid operiert.
Am Abend mit Schwägerin Marianne und Albert Schulze auf dem neuen Hochsitz in der Austauschfläche, dort trat ein Tier mit Kalb aus, und in der Dämmerung zog ein geringer Hirsch über die Fläche.

3. Oktober

Früh am Morgen nichts gehört und nichts gesehen. Am Abend nicht im Revier.

4. Oktober

Am Morgen wegen starkem Wind im Bett geblieben.
Am späten Nachmittag sah ich an der Abteilungslinie 54/57 einen Hirsch mit Wild im Troll durch die Buchenstangen ziehen, ansprechen konnte ich ihn nicht, hatte aber den Eindruck von endenarmen Stangen. Das Rudel zog Richtung 56. Nun pirschte ich zum alten Hochsitz am Äsungsplatz. In Abteilung 56 a wurde ein geringer Hirsch flüchtig. Ich saß nicht lange auf dem Hochsitz, als ein besserer Hirsch ein Schmaltier über die Lücke oberhalb des Hochsitzes trieb. Zunächst konnte ich nur etwas geflammte, dreiendige Kronen feststellen. Auf dem Äsungsplatz verhoffte der Hirsch, und ich konnte nun die rechte Stange genau ansprechen. Es handelte sich um eine ausgesprochene Leiterstange. Ob „hoch gerutschte" Mittelsprosse oder Wolfssprosse, konnte ich nicht genau feststellen.

5. Oktober

Früh mit Marianne in Abt. 76 a.
In Hoxel meldeten zwei Hirsche schwach.
Gesehen: nichts.

Am Abend sah ich in Abteilung 56 auf der Kulturfläche den Zwölfer vom Abend vorher. Der Hirsch stand plötzlich auf der Geländerippe und hatte mich auch schon eräugt. Als er sich herumwarf, sah ich, dass er an beiden Stangen die Leiterform hatte. Die etwas schwächeren Eissprossen saßen an der Stelle, wo normalerweise die Mittelsprosse sitzt. Die eigentlichen Mittelsprossen sehen mehr aus wie „Wolfssprossen".
Leiterform, schlechte Krone, jagdbar, Alter augenscheinlich nicht über acht Jahren (Klasse Ib ?).
Einen leidlichen Sechser-Bock sah ich am Äsungsplatz.

6. Oktober
Am Vormittag Nachsuche auf einen vom Forstmeister beschossenen Hirsch in Bruchweiler. Da Pascha noch nicht einsatzfähig war, versuchten wir es mit Terri. Der Hirsch war gefehlt – auf 60 Schritt!!
Am Abend Regen.

7. Oktober
Regen und wieder Regen.
Am Abend in Abteilung 70 drei Stücke Kahlwild.

8. Oktober
Früh am Morgen trocken, aber dunstig. Vor Büchsenlicht schrie im Birkenbruch (Allenbach-Süd) ein Hirsch schwach. Auf der Kultur in Abteilung 56 stand zunächst ein Tier mit Kalb, dann zogen aus Abteilung 59 sechs Stücke Kahlwild mit einem zweijährigen „Knopfspießer", der sich wie ein Platzhirsch benahm. Zum Schluss traten im oberen Teil noch Tier, Kalb und Schmalspießer aus. Also 10 Stück Kahlwild und kein Hirsch, den man als solchen hätte bezeichnen können. Später sah ich in Abteilung 62 einen geringen Achter ohne linke Augsprosse (die rechte war nur ca. fünf cm lang). Den Knopfspießer schoss ich nicht, um nicht zu stören.
Am Abend auf dem neuen Hochsitz an der Austauschfläche: nichts.
Auf dem befestigten Weg Abteilung 71/72 drei Stücke Kahlwild ohne Hirsch.

9. Oktober
Am Abend im Südteil, ohne etwas zu sehen oder zu hören.

10. Oktober
Bei sehr schönem Herbstwetter von 10 Uhr bis 13 Uhr im Revier.
Am Abend in Abteilung 80 und Umgebung, ohne auch nur ein Haar von Rotwild zu sehen.
In der Mittagsstunde schoss ich auf dem Äsungsplatz Abt. 79 einen Fuchs. Da sich die Verwertung nicht lohnt, bleiben die Füchse im Balg draußen liegen. Nun soll Füchse schießen, wer will, ich jedenfalls nicht mehr.

Die Hirschbrunft 1954 ist somit am Ende. Urteil: schlechter denn je. Das Wetter war unter aller Sau. Ich bin zur Überzeugung gelangt, dass nicht nur das Wetter und der Kahlwildüberhang die Schuld an der schlechten Brunft tragen, sondern die Hirsche wollen einfach nicht mehr schreien. Ich möchte annehmen, dass der Abschuss durch die Besatzungsjäger, die ja bevorzugt die schreienden Hirsche schossen, erhebliche Schuld an der stummen Brunft trägt. Es liegt doch klar auf der Hand, dass die „Schreier" in weit höherem Maße ihren Kugeln zum Opfer fielen als die Stummen, da ja kaum auf Trophäe, sondern mehr auf „Fleischmasse" gejagt wurde. Warum soll die Stimmveranlagung bei den Hirschen anders sein als beispielsweise bei Hunden? Einen Gast hatte ich nicht. Im Forstamt Kempfeld wurden nur zwei Brunfthirsche, zwei schlechte Achter, von Kollege Follmann und Oberforstmeister Beninde geschossen.

Nun kann der Kahlwildabschuss beginnen, und ich hoffe, dass Pascha genügend Arbeit bekommt.

Brunft 1955

21.September
Am Abend spät hörte ich die ersten Hirsche schreien, und zwar recht gut auf der Hoxeler-Kahlfläche und im Tannenwald.

29.September
Am Morgen wurde auf der Straße an Abt. 78 ein geringer Hirsch vom Auto angefahren. Oswald kam mich holen. Mit Pascha hing ich der Fährte ca. 1500 m nach. Der Hirsch wurde auch mehrmals gesehen und war offensichtlich weitgehend gesund, sodass wir abbrachen. Pascha lag sehr gut auf der Fährte und hielt sie sehr sicher.

1. Oktober
Nachsuche auf ein vom Pächter Dreher im Eschfeld beschossenes Stück Kahlwild. Das Stück war gefehlt.
Am Abend hatte ich Gelegenheit, das Geweih von dem von Ministerialdirektor Hartmann geschossenen Hirsch in Hüttgeswasen zu sehen. Es war der ungerade. Sechzehnender vom 20. August.1955.
Der Hirsch war 8 Jahre alt und hat 172 internationale Punkte. – Sauerei!!

3. Oktober
Nachsuche mit Pascha auf einen Hirsch in der Revierförsterei Wirschweiler. Der Hirsch wurde von Regierungsrat Keutsch beschossen. Nach vier Stunden legte ich den Hund am Anschuss zur Fährte. Nach zweimaligem Ansetzen und einem Kilometer Suche stand fest, dass der Hirsch vorbeigeschossen war. Zeuge: Forstmeister. Staege u. Revierförster Laskewitsch.

8. Oktober
Nachsuche mit Pascha auf den gleichen Hirsch vom 3. Oktober 1955, der wieder vom gleichen Schützen vorbeigeschossen wurde! Damit wurde dieser Hirsch zum fünften Mal gefehlt.

9. Oktober
Nachsuche auf einen kranken Hirsch in der Revierförsterei Morbach. Am Anschuss hob Pascha bereits die Nase. Er wusste schon, wo der Hirsch lag. Zunächst musste ich ihn fast auf die Fluchtfährte zwingen, dann ging es sehr stürmisch vorwärts zum nach 150 Metern mit Leberschuss verendeten Hirsch.
Die Brunft endete in diesem Jahr fast schlagartig um den 5. Oktober. Hirsche wurden kaum welche geschossen. Die Abschussrichtlinien müssen erweitert werden.

Brunft 1956
24. September
Am Vorabend wurde in Langweiler, Abteilung 136, von einem Jagdgast, Herrn Hebel aus Berlin, ein Achter beschossen, der krank die Dickung annahm. Da ich noch in Urlaub war, führte Oberforstmeister Beninde Pascha (nach 15 Stunden) zur Nachsuche. Angeblich hat Pascha gut gearbeitet und nach 150 Metern zum verendeten Hirsch geführt.

25. September
Am Morgen beschoss Präsident Boden (der erste Ministerpräsident des Landes Rheinland-Pfalz) in Hoxel unter Führung von Oberförster Otto Oswald einen stärkeren Hirsch auf 180 Meter. Nach ca. 30 Metern tat der Hirsch sich wieder, wurde nach einigen Minuten wieder hoch, zog spitz von hinten ab und tat sich wieder nieder. Nachdem er dann zum dritten Mal hoch wurde, aber kein Fangschuss angebracht werden konnte, war er den Blicken entzogen, und zwar im Buchenjungwuchs. Oswald baumte mit dem Gast ab. Nach einigen Stunden untersuchten sie die Fährte. Der genaue Anschuss war natürlich absolut unklar. In einem der Wundbetten lag Schweiß, und die übrigen Wundbetten waren nicht zu finden. Nach sechs Stunden setzte ich Pascha an. Der Versuch, mit dem Hund den Anschuss zu finden, blieb erfolglos, da alles vertrampelt war. Vom sichtbaren Wundbett ab arbeitete Pascha nach rechts bis zur großen Kultur, fing dann aber an zu faseln. Viermal setzte ich den Hund mit gleichem (Miss-)Erfolg an. Die Richtigkeit seiner Arbeit wurde von den reichlich vorhandenen Nachsuchenteilnehmern allerdings bestritten. Pascha ließ den gewohnten Eifer missen. An dem Tage war es sehr warm und trocken. Gewiss war auf der Fährte nichts zu finden. Wie sich herausstellte, war

der Schweiß im Wundbett reiner Wildbretschweiß. Mein Verdacht eines Streifschusses am Brustkern wurde natürlich nicht geteilt. Ich brach ab und schlug vor, Oberförster Nielen mit seinem erfahrenen Hannoverschen Schweißhund kommen zu lassen.

Am 26.9. wurde die Suche mit Nielens Schweißhund wieder aufgenommen. Der Hund arbeitete genau wie Pascha, und zwar zweimal mit gleichem Erfolg. Auf dem Rückweg ließ Nielen den Hund jedes Mal an der Tannenwalddickung vorhin suchen. Beide Male fiel der Hund eine bestimmte Hirschfährte an. Wir stellten die Dickung ab, und Nielen ließ seinen Hund in die Dickung hinein suchen. In der Dickung zeigte der Hund richtig auch zweimal Wildbretschweiß, aber immer nur dort, wo der Hirsch länger verhofft hatte. Bei der Vorhin-Suche unter der Pfaffenstraße zeigte der Hund in der Buchendickung abermals Schweiß vom verhoffenden Hirsch. Wir stellten erneut ab, aber nach einer weiteren Stunde brach Nielen die Suche ab, denn auch er teilte nun meine Diagnose eines Streifschusses und gab auf. Wir beide waren davon überzeugt, dass der Hirsch nicht zu haben war und ausheilen wird.

27. September
Am Vorabend verständigte mich Kollege Schulte-Bruchweiler, dass er am Kleeschacht einen Hirsch beschossen habe, der auf die Kugel „mittendrauf" gezeichnet hatte. Er konnte den langsam ziehenden Hirsch noch über 200 Meter beobachten. In der Nacht regnete es ununterbrochen bis in den nächsten Vormittag hinein. Nach ca. 15 Stunden setzte ich Pascha am Anschuss an, leider ohne den Anschuss genau zu untersuchen. Ich hätte mir die nasse Haut sparen können. Der Hund arbeitete die Fährte ca. 800 Meter weit, ohne sichtbaren Schweiß, was bei diesem Regen kein Wunder war. Nachdem ich dann den Hund wieder am Anschuss ansetzen wollte und genauer hinsah, fand ich Deckenfetzen vom Brustkern, und zwar einwandfrei. Wir brachen ab.

2. Oktober
Schulte hatte wieder einen geringen Hirsch beschossen. Mit Pascha stellte ich einwandfrei fest, dass er „vorbei" getroffen hatte. „Traurig aber war"!

Nun der Sinewehirsch
Jagdgast Sinewe kam am 29. September und wohnte mit May und seinem Vetter Diehl in OK`s Hütte. Nachdem wir uns zunächst ohne Ergebnis bemüht hatten, setzten wir uns auf den ungeraden Achter in der Austauschfläche an. Am 3. Oktober hatten wir noch vor Büchsenlicht den Hirsch mit 5 Stück Wild vor uns auf der Purgerschen Kultur gesehen.

Jagdgast Sinewe mit seinem IIb-Hirsch – rechts Alfred Budenz

Bei eintretendem Büchsenlicht hatten wir den Hirsch auf 135 Meter vor uns. Der Schuss brach und – vorbei –. Mit dem Ruf stoppte ich ihn auf 150 Meter, Schuss – wieder vorbei! Sinewe wollte mal wieder streiken. Am Abend hatten wir an der Weierwiese das Rudel vor, scheinbar ohne Hirsch. Mein Knören auf der Muschel brachte ihn aber plötzlich auf 60 Meter vor uns auf die Läufe. So stand der Hirsch etwa 10 Minuten spitz von vorn, und ich hatte alle Hände voll zu tun, Sinewe vor Dummheiten zu bewahren. Nach einigem hin und her stand der Hirsch dann breit, und wieder ging die Kugel „vorbei". Am nächsten Morgen nichts. – Sinewe reiste frustriert ab.

Am Abend sah ich den Hirsch wieder zum Rudel treten. Am nächsten Tag rückte Sinewe wieder an. Am Abend Wild ohne Hirsch. Am nächsten Morgen stand er wieder beim Rudel, aber zum Schuss zu weit. Am Abend das gleiche Bild bis Büchsenlichtschluss. Der Morgen am Sonntag, den 27. Okt., sollte so oder so der letzte Ansitz sein. Wir saßen bei Zeiten auf dem Hochsitz. Zunächst alles still. Nach Büchsenlicht zog plötzlich der Hirsch ohne Wild über die Weierwiese. Nun begann der Schlussakt. Mit viel Aufregung brach endlich der Schuss, der Hirsch zeichnete gut, aber ich hörte hellen Kugelschlag. Auf 150 Meter verhoffte der kranke Hirsch, und die zweite Kugel ging wieder vorbei. Dann verhoffte der Hirsch vor dem „schwarzen Bruch" auf ca. 220 Meter. Mein Schuss warf den Hirsch zusammen, ich hatte das Rückgrat getroffen. Mein anschließender Fang-schuss auf den Träger saß etwas zu hoch. Dann gab ich Sinewe meinen Drilling, seine Patronen waren alle, und er gab den Fang hinter das Blatt. Nun war es geschafft, und wir waren alle von Herzen froh. Vor uns lag ein ca. 6jähriger ungerader Achter, und ich war angenehm überrascht. Ein einwandfreier IIb-Hirsch. Nach einem gemütlichen Frühstück zog Sine-we ab.

Die Abende auf der Hütte waren sehr schön, und es ging rau aber herz-lich zu.

8. Oktober
Die Brunft ist am Ende. Auch in diesem Jahr war sie sehr schlecht. Nur an der Tranenweiherer Straße und auf der Hoxeler-Fläche schrien die Hirsche, aber nur in der Nacht, gut. Am Abend sah ich auf dem Äsungs-platz einen sehr guten Kronenzehner, der auch schon ohne Wild war.

Brunft 1957
16. September.
Am Abend knörte in „den Leysers-Fichten" ein Hirsch einige Mal. Ich hör-te ihn in den Ästen knacken, sah ihn aber nicht.

21. September
Am Morgen Nachsuche auf einen von Dr. Ludewici in Wirschweiler am Vorabend beschossenen Achter. Am Anschuss nur wenig Schnitthaar und

kein Schweiß. Das Zusammenbrechen und sofort Hoch- und Flüchtigwer-
den sprach für Krellschuss, was durch die Nachsuche bestätigt wurde.

27. September
Die letzten Tage total verregnet. Heute der erste Tag mit gutem Brunftwet-
ter. Brunftbetrieb gleich null. Am Morgen saß ich an der Austauschfläche,
wo ich nur ein einzelnes Stück Kahlwild sah, aber keinen Ton hörte. Erst
nach Einbruch des Büchsenlichtes meldeten einige Hirsche in Richtung
Tannenwald. Auf dem Nachhauseweg knörte ein Hirsch in Abteilung 69.
Vom Hochsitz aus knörte ich ihn an, und sofort stand der Hirsch zu. Ein
ungerader Zehner, den man hätte schießen können. Aber es war nicht,
was ich suchte. Sinewe kam am Nachmittag, und der Ansitz in Abt. 83
ergab nichts, auch keinen Ton. Der Wind war aufgekommen. Ich fürchte
wieder für das Wetter.
Am Vormittag machte ich mit Pascha eine erfolgreiche Nachsuche in Ho-
xel auf einen Hirsch, den Forstmeister Gassmann am Vorabend beschossen
hat, und zwar auf dem gleichen Hochsitz, von dem Ministerpräsident Dr.
Boden im Vorjahr den Hirsch verpatzt hatte, an der Grenze Hoxel / Hütt-
geswasen. Der Anschuss war mal wieder nicht genau bekannt. Bei der
Vorhin-Suche zeigte Pascha nur einmal Schweiß. Nach Schweiß und „An-
schussbericht" hatte der Hirsch die Kugel waidewund. Nach dem zweiten
Ansetzen führte Pascha durch viele Verleitungen von Brunftfährten nach
ca. 300 m zum verendeten Hirsch, der die Kugel kurz waidewund hatte.
Ein recht guter ungerader Zwölfer an der „Jagdbarkeitsgrenze".

Pascha mit dem nachgesuchten Hirsch von FM Gassmann

Forstmeister Gassmann mit bravem Abschusshirsch

Alfred Budenz

29. September
Landforstmeister Obertreis trug in der Revierförsterei Hüttgeswasen ei-
nem Eissprossenzehner die Kugel an. Ich wurde zur Nachsuche, natürlich
bei Regen, abgeholt. Am Anschuss Wildbret und Lungenfetzen. Nach ca.
60 m in der Dickung lag der Hirsch.

2. Oktober
Am Abend schoss Ministerpräsident Dr. Boden in Hoxel einen sehr star-
ken Hirsch. Ich wurde zur Feier nach Morbach abgeholt und musste zu
meinem Schrecken feststellen, dass es „unser" ungerader Sechzehnender
aus Wirschweiler war.
Geweihgewicht frisch: über 8 kg
Punkte: 215,5

10. Oktober.
Die Brunft ist am Ende. In Allenbach-Nord (Nordteil) war der Brunftbe-
trieb etwas besser als in anderen Jahren, aber nichts Erwähnenswertes
gesehen. Ob Sinewe seinen Ia-Hirsch in diesem Jahr noch bekommt?

12. Oktober

Pascha am Hirsch erschossen!

Oberlandesforstmeister Dr. Heuell hat unter dem Erbeskopf einen geringen Hirsch beschossen. Ich suchte nach, der Hirsch steckte in der Dickung der ehemaligen Brandfläche. Am Wundbett schnallte ich, Pascha hetzte den Hirsch aus der Dickung, wo der Sohn des Forstmeisters Müller stand. Was soll noch viel geredet werden? In der Absicht, den kranken Hirsch zur Strecke zu bringen, erschoss er Pascha. Die Kugel saß ihm auf dem Hals. Aus!

Es war eine bodenlose Sauerei.

Brunft 1958
12. September
Am Morgen saß ich mit Kollege Nikolei auf dem Hochsitz in Abteilung 68. Vor Büchsenlicht klapperten die Hirsche, und als es graute, kam Nebel auf. Was tat Nikolei? Während die Hirsche vor uns im Nebel zu hören waren, „schlief" er sanft ein. Mir wurde klar, dass ein besserer Hirsch bei ihm „vor die Säue geworfen" wäre. Bei mir stand nun fest, dass ein IIc-Hirsch für ihn ausreicht.

13. September
Am Abend saßen wir auf dem Hochsitz Abteilung 69 b. Noch früh folgte einem Rudel Kahlwild ein Zehner, der geschossen werden könnte. Aber entsprechend meinem Vorsatz ließ ich Nikolei nicht schießen (was ja einfach war, da er auch als Forstmann absoluter jagdlicher Laie ist). Bei schwindendem Büchsenlicht meldete der erste Hirsch, der auch bald auftauchte. Er war aber nicht mehr anzusprechen. Nun scherzte er noch mit dem Zehner. Die Brunft ist also noch nicht im Gange.

29. September
Am Abend schoss Nicolei auf dem Äsungsplatz Abteilung 56 b. einen geringen Hirsch (IIc). Ein Hirsch, der nicht richtig und nicht falsch war. Nachdem ich nun 42 Mal mit ihm im Revier war, wollte er nicht einsehen, dass er zurückstehen müsse, wenn Gäste kommen. Günter Zeis hatte sich angesagt. Nun löste ich die Angelegenheit einfach, in dem ich ihn diesen geringen Hirsch schießen ließ.

5. Oktober
Vom 29. September bis heute führte ich G. Zeis ohne Erfolg. Wir sahen wohl Hirsche, aber eben keinen für die Kugel.
Die Brunft ist zu Ende.

Allgemein war die Brunft in diesem Jahr sehr mäßig, obwohl zeitweilig gutes Wetter herrschte. In meinem Revier war etwas mehr Betrieb als in anderen Jahren, und ich hoffe, dass es in den nächsten Jahren noch besser wird. Brunftbetrieb war bei mir in den Abteilungen 56, 68/69 und zeitweilig in 81.

Nun habe ich ab 16. August ununterbrochen geführt und vorerst habe ich es satt. Nun werde ich versuchen, unter den zurückwechselnden Hirschen noch je einen für Landforstmeister Jansen und Oberförster Zeis zu bestätigen.

In Wirschweiler gab es ziemlich Reiberei um die Pirschbezirke.

Brunft 1959
17. September

Von Samstag, den 12. 9., bis Donnerstag, den 17.9.59, war Forstmeister Oster als Jagdgast auf einen Ib-Hirsch hier. Es herrschte warmes Wetter und daher ausgesprochene Flaute. Oster will wiederkommen.

Unserm zahmen Hausrehbock „Hans" musste ich heute mit der Pistole den Fangschuss geben, da eine totale Lähmung eingetreten war. Schon acht Tage schonte er den rechten Vorderlauf und war nicht mehr so unternehmungslustig. Heute trat nun plötzlich eine starrkrampfähnliche Lähmung ein. Das Ende war in Sicht, und ich verkürzte seinen letzten Kampf.

Haupt und Hals lasse ich präparieren.

Die Brunft setzt normal ein, wenn auch einige Hirsche besonders früh meldeten, so war aber von einer richtigen Brunft erst ab 20.9. etwas zu merken. Das Wetter war außer einigen windigen Tagen recht gut, umso verwunderlicher war es, dass die Brunft nicht besser verlief wie in den letzten verregneten Jahren. Nach meiner Meinung gehört die schwungvolle Brunft, wie wir sie früher erlebten, der Vergangenheit an. Das ist sicher auch auf den Motorenlärm auf den Straßen und in der Luft zurückzuführen.

Ein Brunfthirsch wurde bei mir nicht geschossen.

Landforstmeister Obertreis wurde von mir 8 Tage lang auf einen ungeraden „Vierzehnender" geführt, den er aber mehrmals verpasste, aber am 2. Okt. in der Revierförsterei Wirschweiler schoss. Leider hat der Hirsch nicht das gehalten, was er versprach. Es stellte sich heraus, dass er zu jung und im Geweih zu leicht war. Na, halt nichts zu machen. Es ist ja schon vielen Jägern so ergangen.

Für Recka (Hannoversche Schweißhündin Freya vom Abbenstein, eine Halbschwester des erschossenen „Pascha") hatte ich zwei einfache Nachsuchen. Der Hirsch von Oberforstmeister Beninde lag nach ca. 100 m und der Hirsch von Landforstmeister Obertreis nach ca. 60 m bei gutem Schweiß. So rechte Anfängerarbeiten.

Die Brunft war so am 10. Oktober zu Ende. Geschossen wurde nur ein wirklich guter Ia-Hirsch, und zwar vom Forstmeister Müller in Hüttgeswasen.

Mit meinem Hirsch sieht es sehr fraglich aus ...

11. November
Heute schoss Forstlehrling Bernd Krewer endlich nach großer Mühe seinen IIc-Hirsch. Er erlegte ihn auf dem Äsungsplatz Abteilung 79 b. Der Hirsch nahm noch die Dickung an. Recka arbeitete die Fährte gut, die aber noch zu warm war (drei Stunden). Nach 100 m lag der Hirsch verendet.

Brunft 1960
10. Oktober
Über die diesjährige Brunft ist nur wenig zu berichten. Beim besten Brunftwetter während des Hauptteils der Brunft war der Brunftbetrieb sehr mäßig. Die Hirsche schrien bei kommendem Büchsenlicht, um dann schlagartig zu verstummen.

Recka nach erfolgreicher Nachsuche

... „Umso mehr freue ich mich über meinen guten Feisthirsch, den ich im August erlegt habe." – A. Budenz (siehe unten)

An Gästen führte ich Forstmeister Oster von Mainz und einen Herrn Polzin aus Berlin. Oster verpasste ein „zweifelhaften" Achter, und Polzin war nicht zu Schuss zu bringen, obwohl es mir bei ihm auf einen zweifelhaften oder gar falschen Abschuss nicht angekommen wäre.

An Nachsuchen hatte ich für Recka drei Kontrollsuchen und eine kurze Totsuche auf den Hirsch von einem Verwandten von Oberforstmeister Beninde, einem Herrn Morsfeld.

Der Sechzehnender (s. 26.–28.8.60), den Direktor Hartmann oder F. Sinewe schießen sollten, wurde vom Minister Stübinger in der Revierförsterei Deuselbach geschossen. Er war so, wie ich ihn angesprochen hatte. Der Hirsch hätte noch drei Jahre leben müssen.

Kollege Laskewitsch schoss den „Landrat", was sehr viel Staub aufgewirbelt hat – besonders im Nachbarforstamt Dhronecken.

Alles in allem war die Brunft 1960 mehr als bescheiden!
Umso mehr freue ich mich über meinen guten Feisthirsch, den ich im August erlegt habe.

Brunft 1961
18. September

Der Rückblick über die nun vergangene Feistzeit in diesem Jahr zeigt, dass der von mir schon lange prophezeite Zeitabschnitt gekommen ist. Ich habe immer behauptet, dass wir, wenn die Kulturen einmal zu Dickungen geworden sind, die Hirsche mit viel Zeitaufwand suchen müssen und dass sich der gesamte Rotwildabschuss noch sehr schwierig gestalten wird.

In der Kolbenzeit hatte ich im Nordteil des Reviers zwischen 30 und 40 Hirsche stehen, die ich laufend bestätigen konnte, darunter auch einige sehr gute und ältere Hirsche. Nach dem Fegen war kaum noch ein Hirsch zu sehen. Man schob alles auf die Manöver ab, was nach meiner Beobachtung und Überzeugung nicht stimmt. Schon in den letzten Jahren verschwanden mit dem Fegen ein Teil der Hirsche, und im vergangenen Jahr machten sich die Hirsche auch nichts aus den Manövern nahe der Haupteinstände.

Nach meiner Überzeugung sind es folgende Gründe:

1. Die Hirsche werden auf breiter Ebene älter und damit heimlicher.
2. Heranwachsen der Einstände in allen Revieren und somit Verteilung der Hirsche auf eine größere Fläche.
3. Reichliche Äsung in diesem feuchten Jahr.
4. Die neuen Einstände sind noch nicht völlig geschlossen und bieten jede Menge Tagesäsung, die Hirsche brauchen noch bei Büchsenlicht nicht auszutreten.

Diese vier Punkte sind nach meiner Überzeugung der Grund, weswegen so wenig Wild gesehen wird, denn in allen Revieren wird die gleiche Beobachtung gemacht.

Bis heute sind aber trotzdem zwei IIb-Hirsche und ein IIc bei mir geschossen. Vom 5.–8. September stand in der Austauschfläche der langendige Vierzehnender beim Wild. Am 7.9. hat er sogar geschrien. Dann war er weg, wenigstens wurde er nicht mehr gesehen.

Mit Anfang September werden überall schwach meldende Hirsche gehört. Nun zu Beginn der Brunft herrscht eine große Hitze, hoffentlich flaut diese bald ab.

19. September
Bericht 21. Oktober 1961:

Die Brunft setzte nun ein. Zunächst hatte es den Anschein, als wollte in diesem Jahr der Brunftbetrieb in meinem Revier besser werden. In Abteilung 80 schrien zwei Hirsche, ohne dass ich sie zu Gesicht bekam. In den Abteilungen 68/69 machte sich ebenfalls Brunftbetrieb bemerkbar. In *der Austauschfläche meldeten der langendige Vierzehnender, auf den ich Forstmeister Staege ansetzte. Dort klappe es aber auch nicht.*

Am 24. Sept. übernahm ich Herrn Murtfeld aus Düsseldorf als Jagdgast auf einen b-Hirsch. Was wir in 14 Tagen sahen, war mehr als dürftig.

Am 27. Sept. suchte ich mit Recka einen Hirsch des Landforstmeisters Obertreis nach. Es sollte ein Ia-Hirsch sein, entpuppte sich als ein ausgesprochener IIb-Hirsch vom ca. 8. Kopf. Der Hirsch hatte Hochlauf-Brustkernschuss. Nach etwa 50 Meter Wundfährte wurde er vor mir und Recka hoch und kam dem Landforstmeister auf 15 Meter, der ihn aber überschoss. Nach abermals 50 Meter gab ich dem Hirsch vor dem Hund im Wundbett den Fangschuss. Schweiß war weder im Wundbette noch auf der Fluchtfährte oder am Anschuss zu finden (7 x 64 Brenneke Torpedo-Ideal) Ich hatte Recka geschnallt, diese kam aber wieder zurück. Ob sie am Hirsch war, konnte nicht beobachtet werden. Recka scheint durch die Sehbehinderung unsicher zu sein.
Forstmeister Staege versuchte sich inzwischen weiter erfolglos auf seinen Ia-Hirsch. Die Brunft ging zu Ende, und wir kamen im Forstamt kaum mit dem Abschuss weiter. Lediglich die Kollegen Wirz und Schreiner schossen je einen IIb-Hirsch.

Am 11. Okt. hatte ich den „Langendigen Vierzehnender" eine halbe Stunde auf 50 Gänge bei vollem Büchsenlicht in der Abteilung 68 vor mir. Am 13. Oktober war ich mit dem Chef in Abteilung 68. Vor Büchsenlicht zogen noch 2 Hirsche mit Wild in Abteilung 71 schreiend ein, und damit war die Brunft am Ende.

Brunft 1962
2. September
Ich hörte nach Büchsenlicht den ersten Hirsch schreien in der Abteilung 88 – Wirschweiler.

23. September
Am Morgen schoss Laskewitsch in Abteilung 84 „den falschen Expräsident". Der Hirsch vom 9. Kopf hatte in den Enden auf Zehner zurückgesetzt, die Geweihmasse war die gleiche wie die vom 6. Kopf. Der Hirsch ist richtig geschossen. Bis zum 6. Kopf galt er als ausgesprochener Zukunftshirsch.

29. September
Heute schoss Prof. Dr. Jeß aus Wiesbaden auf der Austauschfläche ein ungeraden Vierzehnender als Ia-Hirsch. Der Erleger stand im 80. Lebens-

„Verklungen Horn und Geläut“ –
In memoriam Alfred Budenz, 1911–1992

jahr. Ab 21.9. saß ich 16mal mit ihm an. Wir sahen nur schwache Hirsche oder nichts. Den erlegten Hirsch sah ich schon 14 Tage zuvor vom gleichen Hochsitz. Der Hirsch war etwa vom 8. Kopf, also nicht vollreif, aber Prof. Jeß hat sich doch sehr über ihn gefreut, denn es sollte wohl sein letzter Hirsch sein.

6. Oktober
Landrat a.D. Salzmann aus Trier weilte von 30.9.–6. 10. 62 als Gast in meinem Revier. Frei hatte er einen Ib/IIb-Hirsch, aber er „bestand" auf dem Ib und zum Schluss musste er einsehen, dass das eingetroffen war, was ich ihm zu Beginn sagte, nämlich: dass er einen Ib wohl nicht bekommen wird.

Am 1. 10., 3. 10. 5. 10. fielen drei Nachsuchen an. Recka wurde von Bernd Krewer geführt. Die Suche am 1. Okt. in Hochscheid: ein Kronenzehner vom 4. Kopf (Erleger Groth. jun.)
3. Okt. erfolglose Suche in Wirschweiler.
5. Okt. ein Achter vom 5. Kopf von Oberförster Hermann Brandt, Hundheim. Es war ein typischer IIc-Achter.

Zurzeit habe ich nur noch Forstmeister Oster als Gast.
Die Brunft war in diesem Jahr mehr als schlecht. Will sehen, wie lange sie sich hinzieht, denn die Hirsche sind kaum abgebrunftet.
Werner Ostermann hat gestern in Langweiler seinen ersten Hirsch geschossen und keinen schlechten.

Hier enden die Tagebuchaufzeichnungen meines Schwiegervaters Alfred Budenz. 1976 ging er in Pension, und bald danach setzte der „Krieg" gegen das Rotwild ein, den auch sein Nachfolger Hans Bachmann nicht verhindern konnte. Auch er ist mittlerweile pensioniert und darf zusehen, wie gleichermaßen sein jagdliches Lebenswerk, das er immer auch als Vermächtnis von Alfred Budenz verstanden hat, weiter kaputt geschossen wird.

Der Sinn der Waidgerechtigkeit beruht auf dem Gehorsam gegenüber dem Gewissen.

EUGEN WYLER

Jagen gestern und heute –
Von der traditionellen Jagd zum „Wildmanagement"

Die Jagd – auch die persönliche und individuelle Einstellung vieler Jäger zum Wildtier – hat sich in den letzten beiden Jahrzehnten sehr verändert. Jedenfalls stellt sich das aus der Sicht eines Jägers so dar, der seinen ersten Jagdschein im Jahre 1956 gelöst hat. Und es hat sich in diesem mehr als einem halben Jahrhundert wenig zum Besseren gewandelt. Vielleicht kommt es mir aber auch nur so vor, weil eben die Erinnerung alles positiv verklärt und die negativen Dinge der Vergangenheit bereits durch das Sieb des Vergessens gerutscht sind.

Erinnern Sie sich noch, wie wir vor zwanzig, dreißig Jahren jene Jagdausübungsberechtigten beschimpft haben, von denen behauptet wurde, sie würden an Wochenenden Hochsitze sozusagen „verkaufen"? Dabei waren diese nur ihrer Zeit um ein paar Jahre voraus! Heute kann sich jeder im *Internet* aussuchen, wann er wo und auf welche Wildarten jagen könnte oder möchte – beim Staat oder in großen Privatforstverwaltungen. Das ist zwar in aller Regel bei keinem Anbieter billig, hat aber dennoch offensichtlich in der modernen Jägerei seinen Markt. „Kill for Cash-Partys" werden diese Verkaufsjagden in Insiderkreisen genannt!

Wegbereiter dieser Entwicklung sind die große, oft revierübergreifende Bewegungsjagd, die von manchen Wildbiologen und natürlich von den Jagdveranstaltern und -vermittlern als die wildbiologisch richtige Jagdmethode angepriesen wird.

Zugegeben, es hat schon etwas für sich, den notwendigen Abschuss beim weiblichen Schalenwild an einem oder zwei Tagen zu erfüllen. Das sei allemal besser – so wird argumentiert – als sieben bis acht Monate im Jahr auf Hochsitzen zu verbringen und auf jedes Stück Dampf zu machen, das sich zeigt und das in den Abschussplan beziehungsweise die Abschussfreigabe passt.

Wir Deutsche lieben die Extreme und die Schwarz-Weiß-Malerei. Pastelltöne sind nicht unsere Stärke. Es gibt hervorragend organisierte Bewegungsjagden und solche, bei denen nichts stimmt: weder die Organisation noch die Strecke. Und es gibt Reviere, deren jagdliche Infrastruktur so professionell angelegt ist, dass auch viele Ansitze bei Beachtung des Windes das Wild nicht oder kaum stören. Also nicht „entweder – oder", sondern „sowohl – als auch".

Fehlabschüsse werden bei Bewegungsjagden immer passieren – und zwar in größerer Zahl als bei der Einzeljagd bei Ansitz oder Pirsch. Wer sich aber darum bemüht, in den zwei oder drei Tagen danach die nach ihren Müttern suchenden Kälber – eventuell mit Hilfe des simulierten Tiermahnens – noch zu erlegen, der hat meinen Respekt und meine Sympathie. Und dann sind Bewegungsjagden aus wildbiologischer, jagdstrategischer und tierschützerischer Sicht absolut in Ordnung.

Jagd ist für mich mehr als nur die zweifellos notwendige Erfüllung des Abschusses. Und ich weiß mich da in guter Gesellschaft vieler, vor allem älterer Jäger. Die Bindung zum Revier und dem darin heimischen Wild, der besinnliche Ansitz und die Pirsch, die Arbeit mit dem guten Jagdhund, die Lektüre eines guten Jagdbuches – das alles gehört für mich zur Jagd dazu – und natürlich auch der möglichst schnell und sicher tötende Schuss auf das sauber angesprochene Wild. Ob die Jagdschein-Crashkurse dies noch alles vermitteln können? Ich habe da meine Zweifel. Jagd muss mehr sein als Wildtier-Management, und wo sie darauf reduziert wird, ist die Jagd sehr arm geworden.

Ich möchte nachfolgend versuchen, die Jagd auf unsere heimischen Wildarten im Spiegel meiner persönlichen Erfahrungen in der Vergangenheit den wildbiologischen Erkenntnissen der Gegenwart gegenüber zu stellen und Letztere auch hie und da zu hinterfragen. Diese Betrachtung kann nicht objektiv, sondern muss subjektiv sein – durch die Brille eines alten Forstmannes und Jägers eben, dessen Philosophie es war und ist, dass es niemandem erlaubt sein darf, einigen in und von der „Lebensgemeinschaft Wald" lebenden Tieren ihre Existenzberechtigung abzusprechen.

Ich hoffe dennoch nicht, dass Sie am Ende meiner Ausführungen den Eindruck haben werden, hier habe ein alter Mann der guten alten Zeit nachgetrauert und die neue in Bausch und Bogen verdammt. Auch ich weiß, dass in vielen Revieren infolge der Nutzung des Waldes durch Mountainbiker, Off-Road-Fahrer, Nordic-Walker und andere die klassische Einzeljagd kaum noch möglich ist. Zumindest reduziert sie sich vielerorts auf die erste halbe Stunde nach dem Hellwerden am frühen Morgen. Auch das war vor zwanzig, dreißig Jahren noch deutlich anders. Insofern sind die herbst- und winterlichen Bewegungsjagden in solchen Revieren zur Abschusserfüllung notwendig. Vielerorts sind also die Änderungen in den Jagdstrategien aufgezwungen, um überhaupt noch die notwendigen jagdlichen Eingriffe tätigen zu können.

Rehwild wird immer noch überwiegend auf der Einzeljagd bejagt – und das ist auch gut so. Der Großteil der Rehe, die die Strecken mancher Bewegungsjagden „zieren", sind von den eingesetzten Hunden gefangen und gerissen und nicht mit einer sauberen Kugel erlegt worden. Wer Rehwild auf Bewegungsjagden freigibt oder den Einsatz wildscharfer, hochläufiger und womöglich stumm jagender Hunde akzeptiert oder gar anordnet, nimmt billigend in Kauf, dass mehr erlegte oder tot gebissene Stücke in der Abfalltonne verschwinden als dem Wildhändler angeboten werden können.

Es gehört zu den offenbar gefestigten Erkenntnissen respektive Praktiken der modernen Jagd, Rehwild nicht mehr selektiv zu bejagen. Jeder Bock und jedes Schmalreh, dessen man habhaft werden kann, wird geschossen. Wer im Herbst zuerst die Kitze und dann erst die Ricke schießt, gehört schon fast zu den traditionellen Jägern, die dadurch mit Schuld tragen am angeblich verheerenden Zustand unserer Wälder.

Ich habe noch gelernt, das Rehwild selektiv zu bejagen. Die starke Ricke, die alljährlich zwei stramme Kitze führte, war ebenso tabu wie der Gabler- oder Sechser-Jährling und der überdurchschnittliche Zweijährige. Wir wussten allerdings schon damals, dass niemand aus der Zahnabnutzung des erlegten Bockes verlässliche Rückschlüsse auf sein Alter ziehen konnte. Der Dreijährige mit weicher Zahnsubstanz ist eben nicht von dem Sechsjährigen mit harter Zahnsubstanz zu unterscheiden.

Das wusste jeder, der das Buch des Herzogs von Bayern über die markierten Rehe in seinem Steirischen Gebirgsrevier gelesen hatte. Also schossen die Jagdgäste oder wir selbst die Böcke dann, wenn sie ihr bestes oder interessantestes Gehörn trugen. Das konnte bei dem einen schon im dritten Lebensjahr der Fall sein, beim anderen erst im sechsten.

Heute spielt das alles kaum noch eine Rolle. „Mai-Bock-Wochenenden" in vielen staatlichen Revieren lassen kaum noch Jährlinge überleben, und auch mancher Mehrjährige, der sich bis dahin durchmogeln konnte, „ziert" die Strecke solcher Jagd-„Events". Und natürlich jede Menge Schmalrehe. Ich kann leider keine wissenschaftlich abgesicherte Statistik vorlegen – aber vor zwanzig, dreißig Jahren war das Durchschnittsalter der erlegten Rehböcke deutlich höher als heute, da bin ich mir absolut sicher.

Es haben damals eben wesentlich mehr Jährlinge überleben können und wurden dann als mehrjährige Böcke geschossen. Heute ist mancherorts ein etwa Dreijähriger schon ein „alter" Bock.

Könnte es sein, dass diese Jagstrategien langfristig unser Rehwild genetisch verändern? Rehwild kann – auch das dürfte gesicherte Erkenntnis sein – gemachte Erfahrungen verwerten und auch an die Folgegeneration weitergeben.

Die Kitze einer Ricke, die in der Nähe einer stark befahrenen Straße groß geworden sind, haben durch ihre Mutter gelernt, irgendwie mit dem Verkehr umzugehen und haben dadurch eine weit höhere Überlebenschance als Rehe, für die Straße und Autos absolut unbekanntes Neuland sind. Daher ist es absolut falsch, diese in unmittelbarer Straßennähe lebenden Rehe bevorzugt zu erlegen. Im Straßenverkehr unerfahrene Rehe würden schnell die frei gewordenen Territorien besetzen und garantiert zu einem erheblichen Teil rasch an den Stoßstangen und unter den Reifen der Autos enden. – Auch das Rehwild ist lernfähig!

Wenn nun aber das Durchschnittsalter der überlebenden Rehwildpopulation vielleicht nur noch zwei oder drei Jahre beträgt und nicht fünf oder sechs, dann gibt es keine alterfahrenen Rehe mehr, die ihr Wissen an die Jüngeren weitergeben könnten.

Rehwild ist kein forstliches Ungeziefer, auch wenn es vielerorts so behandelt wird. Es kann überhaupt nur während der ersten maximal fünf Prozent der Lebenserwartung eines Baumes auf dessen Wuchsdynamik durch Verbiss des Terminaltriebes Einfluss nehmen.

Und im naturnahen Waldbau, wo die Waldverjüngung auf der Gesamtfläche und nicht mehr punktuell stattfindet, sollte man auch dem Rehwild seine Daseinsberechtigung in altersmäßig richtig strukturierten Beständen nicht streitig machen. Die Schäden, die unsere ganz normale forstliche Bewirtschaftung verursacht, sind oft weitaus höher. Das reicht von der Bodenverdichtung und Rindenschäden durch Harvester pp. bis hin zu dramatischen forstlichen Fehlentscheidungen, weil man – wie beispielsweise in einem großen Hunsrückforstamt – auf etlichen tausend Hektaren die Wuchsdynamik der Baumart Birke falsch eingeschätzt hat.

Natürlich ist die Bejagung des Rehwildes durch die naturnahe Waldbewirtschaftung schwieriger geworden, das ist keine Frage. Rehwild lebt eben sehr territorial, und es gibt Individuen, die einen Bereich von vier oder fünf Hektaren noch nie freiwillig verlassen haben. Lediglich Böcke in der Brunft oder durch Hunde gejagte Rehe machen schon mal ausgedehnte Ausflüge. Wir müssen also anders jagen, als wir es vor 30 Jahren noch praktiziert haben, und das erfordert Zeit und Können.

Aber: Geben wir einem Teil unserer Rehwildpopulation wieder die Chance, alt und reif zu werden und seine gemachten Lebenserfahrungen den Folgegenerationen zu vermitteln.

Das muss ja nicht mit einer Erhöhung der Rehwilddichte einhergehen – es erfordert nur Zeit und die Beherrschung des jagdlichen Handwerks. Beides scheint vielen von uns allerdings abhanden gekommen zu sein.

Es ist auch fraglich, ob Letzteres in den Jagdschein-Crash-Kursen überhaupt noch vermittelt werden kann – die notwendige Zeit sowieso nicht und das jagdliche Handwerk wohl auch nur noch in homöopathischen Dosen.

Schwarzwild ist dagegen kein Sorgenkind der Forstwirtschaft, sondern mehr der Landwirte und der Veterinärmedizin. Dass die Sauen so zugenommen haben, hat viele Ursachen und liegt zum geringsten Teil an den mangelhaften Aktivitäten der Jäger. Hatten wir früher alle fünf bis sieben Jahre eine Eichen- und/oder Buchen-Vollmast, so haben wir eine solche inzwischen nahezu alljährlich. Es ist eine spannende Frage, wie lange die Eichen- und Buchenalthölzer diesen Stress noch aushalten werden. Dazu passt der Mais- und Getreideanbau als „Futter" für die Biogasanlagen auf großer Fläche.

Ab einer bestimmten Fruchthöhe sind die Sauen darin nicht nur Kostgänger, sondern auch „Rund-um-die-Uhr-Bewohner".

Hinzu kommen auch noch die vielen, reichlich beschickten Kirrungen. Eicheln und Mais puschen die Sauen schon sehr frühzeitig in einen Zustand beneidenswerter sexueller Fitness hinein – viele Frischlinge rauschen bereits im zarten Alter von

Bachen mit Frischlingen ...

... und ein neugieriger Überläufer

sechs oder sieben Monaten. Und Winter, die diesen Namen verdienen, haben auch Seltenheitswert. Daher können wir nicht mehr darauf hoffen, dass es eine nennenswerte winterliche Reduzierung zur Unzeit gefrischter Frischlinge geben wird.

Solange es uns nicht gelingt, etwa 80 Prozent eines jeden Frischling-Jahrganges zu erlegen, so lange werden wir es auch nicht schaffen, die Schwarzwildbestände nennenswert abzusenken.

Ich kann mich noch gut an die Zeiten erinnern, dass wir überglücklich waren, wenn wir bei einer winterlichen Jagd fünf oder sieben Sauen schossen. Heute ist man in den gleichen Revieren enttäuscht, wenn nicht zwanzig, dreißig oder vierzig Sauen auf der Strecke liegen.

Der Druck auf die Jäger ist von vielen Seiten enorm. Das hat dazu geführt, mit der Freigabe bei herbst- und winterlichen Drück- beziehungsweise Bewegungsjagden recht großzügig zu sein. **Auch ich sehe keinen anderen Weg, als in dieser Zeit auch Bachen zu schießen, wenn diese keine abhängigen Frischlinge führen! Eine Diskussion über die „Bei-Bachen" ist in diesem Zusammenhang überflüssig.** Diese sind nicht ansprechbar, am wenigsten, wenn die Hunde eine Rotte gesprengt haben und die Sauen mehr oder weniger einzeln oder – wenn man Glück hat – die Bachen mit ihren Frischlingen die Schützen anlaufen.

Gewichtsbegrenzungen auf 40 oder 50 Kilogramm sind häufig proklamierte Beschränkungen bei den Freigaben. Sie haben jedoch nur dann Sinn, wenn die Nichtbeachtung der angesagten Gewichtsbegrenzungen auch tatsächlich geahndet wird. Und das geschieht selten bis nie. Wer nur Sauen bis 40 Kilo frei gibt und nachher dem Erleger einer 70-Kilo-Bache einen Bruch überreicht, der darf sich nicht wundern, wenn niemand seine Freigaben mehr ernst nimmt. Es hebt jedoch die Disziplin erfahrungsgemäß ungemein, wenn der Jagdleiter oder Jagdherr einem solchen zunächst mehr, später etwas weniger glücklichen Erleger vor der gesamten Teilnehmerschar den Kauf dieser Bache zum Preis von beispielsweise 10 Euro je kg zwangsverordnet.

Es ist wohl gesicherte wildbiologische Erkenntnis, dass die Leitbachen das synchrone Rauschen der Bachen in ihrem Familienverband stark beeinflussen. Sie verhindern damit auch das unzeitgemäße Rauschen nachrangiger Bachen .

Daher sind die Leitbachen auch für die Entwicklung der Population sehr wichtig, und eine Gewichtsbegrenzung bei der Freigabe macht schon aus diesem Grunde Sinn, weil eben die Leitbachen meistens – aber eben nicht immer – auch die stärksten Stücke der Familienrotten sind.

Wenn man sich bemüht, jeden Frischling zu schießen, dessen man habhaft werden kann und darüber hinaus auch in die Überläuferklasse eingreift, wenn sich die Gelegenheit dazu bietet, dann hat man schon eine Menge für die Begrenzung der Schwarzwildpopulation getan.

Muffelwild ist seit weit mehr als einem halben Jahrhundert in vielen Revieren heimisch geworden. Muffel sind dankbar und anspruchslos und auch forstlich gewiss keine Problem-Wildart. Manche grünen Jäger sprechen – wenn die Rede auf das Muffelwild kommt – von einer Verfälschung der Fauna. Darüber zu debattieren ist müßig. Es sind dies übrigens oft die Gleichen, die Douglasien und amerikanische Roteichen, vielleicht sogar noch Mammutbäume in unsere Wälder pflanzen. Das ist dann eine tatsächliche Verfälschung der Flora, und wer so etwas tut oder propagiert, der sollte beim Muffelwild nicht von Faunaverfälschung sprechen.

Die Bejagung der Muffel ist schwierig und erfordert Zeit und eine intime Revierkenntnis. Keine andere Schalenwildart – ausgenommen vielleicht das Damwild – äugt so scharf wie der Muffel. Daher ist die Pirsch keine Erfolg versprechende Jagdart. Der Ansitz an Wildwiesen oder in Eichenbeständen zur Zeit des Eichelfalles bringt da gewiss mehr Chancen.

Und weil das Muffelwild seine Sicherheit in erster Linie seinen Lichtern anvertraut, meidet es dichte Dickungen, in denen es

Altes Muffelschaf im Kondelwald

nicht weit äugen kann. In bereits etwas lockeren, ein- bis zweimal durchhauenen Nadelholzbeständen stehen sie – besonders bei regnerischem Wetter – sehr gern.

Viele Muffel werden bei den Bewegungsjagden erlegt. Nun reagieren Muffel nach meinen Erfahrungen nahezu panisch auf massive Störungen, und wenn ein Rudel noch von Hunden gejagt wird, dann ist ein verantwortbarer Schuss auf den eng zusammen gerudelten Muffelwildpulk kaum möglich.

Es ist auch eines der noch nicht gelösten Rätsel um diese Wildart, dass sich manche anscheinend stabile Populationen binnen weniger Jahre regelrecht auflösen oder aufgelöst haben. Als ich im Jahre 1973 das staatliche Revier Alf-Kondel übernahm, betrug der Muffelbestand dort etwa 40 Stücke.

Drei Jahre später war er trotz minimaler Abschüsse im Staatswald auf weniger als zehn Widder und Schafe zusammen geschmolzen. Der Bestand dümpelte auf niedrigstem Niveau dahin, und erst als 1990 (Sie erinnern sich sicher an den Orkan Wiebke) eine kräftige Zuwachs- und Blutauffrischungsspritze durch aus Gattern ausgebrochenes Muffelwild erfolgte, ging es wieder aufwärts.

Ob und wie die in vielen Gegenden Deutschlands seit dem Jahre 2007 grassierende Blauzungenkrankheit sich auf unsere Muffelbestände ausgewirkt hat, werden wir noch abwarten müssen. Wenn es denn stimmt, dass eine überlebte Infektion mit eventueller Immunisierung eine mehrjährige Unfruchtbarkeit der Schafe zur Folge hat, dann müssten die Abschussvorgaben dies unbedingt berücksichtigen, das heißt im Klartext, sie müssten merklich herunter gefahren werden.

Rotwild sorgt neben dem Schwarzwild für die meisten Schlagzeilen und auch die meisten Differenzen zwischen Forst und Jagd. Die Bestände sind – glaubt man den offiziellen Abschussstatistiken – seit den achtziger Jahren des vorigen Jahrhunderts angewachsen und mancherorts auch zu hoch.

Als Beispiel: Vor 35 Jahren schossen wir in der rd. 2.000 Hektar großen staatlichen Regiejagd Kondel etwa 20 Stücke jährlich und hatten in manchen Jahren Mühe, diesen Abschuss auch tatsächlich zu erfüllen. Um die Jahrhundertwende – gegen Ende meiner Dienstzeit – betrug der Abschuss schon rd. 50 Stücke, und im Jagdjahr 2007/2008 hatte man das Soll bereits auf rd. 80 Stücke angehoben. Beim Staat ist jedes als erlegt gemeldete Stück Rotwild auch tatsächlich geschossen worden, weil eben mit der Meldung auch eine verbuchte Einnahme verbunden sein muss.

In manchen nichtstaatlichen Jagdbezirken bin ich mir da nicht so sicher.

Grund für meine diesbezügliche Skepsis ist die Tatsache, dass im Saarland nach Einführung des körperlichen Nachweises der tatsächlichen Erlegung mit dem frischtoten Stück die Abschüsse von jetzt auf gleich um rund ein Drittel zurückgegangen sind.

Und man hat dem Rotwild in diesem Bundesland das Recht eingeräumt, dort zu leben, wo es ihm gefällt. Die Grenzen der früheren saarländischen Rotwildbewirtschaftungsgebiete wurden ersatzlos von der Landkarte gestrichen.

Einen körperlichen Nachweis der tatsächlichen Erlegung mit dem frischtoten Stück brauchten wir flächendeckend überall, und zwar schnell. Es würden sich manche Diskussionen dadurch rasch und beinahe von selbst erledigen.

Die Ergebnisse der Waldbaulichen Gutachten seien (glaubt man den forstlichen Fachzeitschriften) verheerend – so wird suggeriert – und das Ende einer ertragsorientierten Forstwirtschaft prognostiziert, wenn die Rotwildbestände nicht drastisch reduziert würden. Dabei sind gerade die Erhebungsanweisungen für eben diese Waldbaulichen Gutachten in manchen Punkten fragwürdig. Schälschäden an der Fichte haben nahezu unweigerlich einen erheblichen Wertverlust durch Rotfäule im wertvollsten Stammabschnitt zur Folge, das ist unstrittig. Schälschäden an der Douglasie überwallen jedoch zu weit über 90 Prozent gesund und ohne jeden die Verwertung negativ beeinflussenden Dauerschaden.

Dennoch werden beide Baumarten im Waldbaulichen Gutachten gleich behandelt. Würde man die Douglasie herausrechnen, dann sähe manches Gutachten anders aus! Zwei oder drei Prozent frische Schälschäden in einem aus Naturverjüngung hervor gegangenen stammzahlreichen Buchenstangenholz müssen kein Schaden sein, wenn der Gesamtbestand beispielsweise fünftausend Bäume je Hektar umfasst. Es ließen sich locker weitere Ungereimtheiten aufzählen. Zudem wäre die Aussagekraft der Waldbaulichen Gutachten wesentlich höher, würden diese nicht von der Forstverwaltung selbst, sondern von unabhängigen Dritten erstellt.

Auf den Waldbaulichen Gutachten basieren seit deren Einführung die Abschussfestsetzungen für die abschussplanpflichtigen Schalenwildarten. Vor einigen Jahrzehnten mussten die Jagdausübungsberechtigten noch ihre Frühjahrsbestände an

Rot-, Muffel- und Rehwild angeben, daraus wurden dann die Abschusszahlen hergeleitet. Nun konnte schon damals niemand seine Rehe zählen, und das weit umher ziehende Rot- und Muffelwild schon gar nicht. Insofern waren diese damaligen Abschussfestsetzungen in etwa so genau wie der Hundertjährige Kalender in Bezug auf die Wetterprognosen.

Wer sich ein wenig schlau gemacht – in der Jagdpresse oder in einschlägigen Büchern – der weiß, dass unser Rotwild eine Art **Winterruhe** hält. Etwa ab der Wintersonnenwende wird der Stoffwechsel herunter gefahren und dem verringerten Äsungsangebot angepasst.

Logische Folge daraus: keine großen Bewegungsjagden mehr mit vielen Hunden in den Rotwildrevieren ab Weihnachten. Aber setzen wir diese wildbiologischen Erkenntnisse um? Nein! Wenn staatliche Regiejagden noch im Januar drei Tage auf Rotwild mit einem „kriegsstarken Regiment" von Jägern und ebenso vielen Hunden jagen, dann ist das weder zu verantworten noch führt die angestrebte Bestandsreduktion zu geringeren Schälschäden. Im Gegenteil: Der Stoffwechsel des Rotwildes wird durch die massive Beunruhigung künstlich hochgefahren, und es wird geschält, dass die Fetzen fliegen. Was soll denn das Rotwild im Januar/Februar anderes äsen als Baumrinde? Fazit des nächsten Waldbaulichen Gutachtens: Zunahme der Schälschäden, daraus folgernd Erhöhung des Abschusses. Keinesfalls Änderung der eigenen Jagdstrategie.

Auch wir haben vor 30 bis 40 Jahren noch im Januar gejagt, das will ich gerne zugeben. Aber wir wussten damals von dieser Stoffwechselreduktion noch nichts, das hat die Wildbiologie erst später herausgefunden.

Jetzt schreien die Rotwildfachleute wieder nach dem Gesetzgeber, er möge doch bitte die Jagdzeit auf Rotwild am 31.12. enden lassen. Ist es nicht traurig, dass wir Jäger so etwas nicht auf freiwilliger Basis hinbekommen? Wer gar ernsthaft fordert, die Jagdzeit auf Rotwild weiter in den Winter hinein zu verlängern, der will offenbar die Schälschäden herbeischießen, die beim nächsten Waldbaulichen Gutachten eine Erhöhung der Abschusszahlen geradezu erzwingen.

Noch vor gar nicht allzu langer Zeit planten wir die Eichendurchforstungen so, dass das Rotwild von Ende November bis in den März hinein immer irgendwo im Revier einen Schlag mit reichlicher Knospenäsung finden konnte. Auch das half mit, die Schälschäden gering zu halten.

Ich glaube nicht, dass dieser Aspekt bei der Planung der Reihenfolge der Durchforstungen heute noch irgendeine Rolle spielt.

Ich räume aber gerne ein, dass so etwas bei Reviergrößen von etwa 1000 Hektar – damals – leichter zu machen war als heute, wo der Revierleiter bis zum doppelten der damaligen Revierfläche verantwortlich zu betreuen hat.

Wenn aber rund siebeneinhalb Monate des Jahres auf nahezu jedes Stück Rotwild, das man in Anblick bekommt – und das Jagdzeit hat – Dampf gemacht wird, hat das mit Jagd nicht mehr viel zu tun, sondern ähnelt eher einem Vernichtungsfeldzug.

Die in den meisten Regionen Deutschlands festgesetzten Soll-Wilddichten sind absolut willkürlich und tragen den verschiedenen Biotopen in keiner Weise Rechnung.

Zwei Stücke Rotwild als höchstzulässiger Frühjahrsbestand je 100 Hektar Waldrevierfläche können in den Hochlagen der Mittelgebirge angemessen sein, während in tieferen Regionen vier bis sechs Stücke ohne Gefährdung auch anspruchsvoller waldbaulicher Zielsetzungen leben könnten.

Vor zwanzig Jahren war das Rotwild in unserem Raum (Südeifel) bei geringeren Beständen deutlich tagaktiver und vertrauter als heute. Das hat ganz sicher entscheidend mit den heutigen Jagdstrategien zu tun. Wer dem Rotwild die Tagaktivität nimmt, ist für einen erheblichen Teil der Schälschäden mit verantwortlich, das ist auch wissenschaftlich völlig unstrittig!

Wie haben wir noch vor zwanzig oder dreißig Jahren gejagt?

Wir schossen im Juni/Juli einige Schmaltiere auf der Einzeljagd und im August mit einer kompetenten Profi-Mannschaft Dubletten in der zwingenden Reihenfolge erst das Kalb, dann das zugehörige Alttier.

Die Monate September/Oktober gehörten der Jagd auf den Brunfthirsch, und wir haben damals weitaus mehr Jagdgäste zu Schuss gebracht als unsere Nachfolger heute. Wir haben – im Gegensatz zu heute – die meisten Gäste allerdings geführt, und so gab es auch verhältnismäßig wenige „Druckfehler".

Durch die erlegten Schmaltiere und die August-Dubletten hatten wir oft zu Beginn der Brunft mehr als die Hälfte – in manchen Jahren schon zwei Drittel – des Kahlwildabschusses getätigt.

Den Rest schossen wir auf der Einzeljagd – auch unter Beteiligung von Jagdgästen – und bei einer oder maximal zwei kleinen oder, wenn von oben so verordnet, auch größeren Drückjagden.

Aber das waren keine Verkaufsjagden mit uns völlig unbekannten Jägern, sondern wir luden dazu, neben den „von oben" geladenen Gästen, uns bekannte und zuverlässige Jäger ein. So hielten sich auch die Fehlabschüsse damals in verhältnismäßig engen Grenzen.

Die starke Kommerzialisierung der Jagd erschlägt heute nahezu alle wildbiologischen Zwänge, um die wir zwar wissen, die wir aber des lieben Geldes wegen kaum noch beachten können.

Die Wildschäden im Feld zwingen zu riskanter Nachtjagd, und die Einnahmevorgaben in den staatlichen Waldrevieren zu großen Verkaufsjagden und meist auch großzügigen Freigaben an Jäger, die die dabei bejagten Wildarten oft nur von den Fotos der Jagdzeitungen kennen. Das kann ja nicht gutgehen! Wer eine nur wenige Stunden andauernde Bindung zu einem Revier und dem darin lebenden Wild hat, von dem kann man auch keinen verantwortungsvollen Umgang mit diesem Wild erwarten. Und schließlich hat man ja für sein Jagdvergnügen (die persönliche Strecke eben) im Voraus und nicht zu knapp bezahlt.

Durch diese modernen großräumigen Bewegungs- (Verkaufs-) Jagden wird die Jagd auf das Erlegen des Wildes reduziert. Und das saubere Erlegen sicher angesprochenen Wildes wird durch die Umstände bei solchen Jagden nicht gerade erleichtert. Entsprechend sind oft die Ergebnisse.

Wenn dann noch am Ende einer solchen „Bezahljagd" verkündet wird, die **Struktur der Strecke** sei ja eigentlich in Ordnung, dann dreht sich mir der Magen um.

Solange nicht absolut wasserdicht nachgewiesen ist, dass zu jedem erlegten Alttier – wenn es geführt hat – das zugehörige Kalb mit auf der Strecke liegt, ist eben nichts in Ordnung, auch nicht die Struktur der Strecke!

Parallel zu der Zunahme dieser großen Bewegungsjagden haben sich die Hundemeuten etabliert und bieten ihre Dienste an – ohne die besagte Jagden ja auch gar nicht durchführbar wären.

Solange diese „Stöberhundgruppen" Hunde einsetzen, die für diese Jagdform auch tatsächlich geeignet sind, ist dagegen auch nicht viel einzuwenden. Aber leider sind das auch fast schon die Ausnahmen von der Regel!

Es darf doch nicht sein, dass stumm jagende, große und damit schnelle und dazu noch scharfe Hunde – sogar Doggen und Bullterrier! – eingesetzt werden, die Rotten und Rudel überfallartig auseinander jagen, so dass niemand der draußen wartenden Jäger eine etwaige Mutterfunktion der anstürmenden Bache oder des Alttieres erkennen kann. Hetzjagden sind bei uns seit 1934 verboten – und das ist gut so.

Wer es als Jagdleiter hinnimmt, dass solche ungeeigneten Hunde eingesetzt werden, verstößt ebenso gegen das Hetzjagdverbot wie der Hundeführer selbst.

Durch die zahlreichen Bewegungsjagden ist unser Wild allerdings mittlerweile schon so „versaut", dass es mit normalen Mitteln – also hüstelnden Treibern und kleinen, laut jagenden Hunden – kaum noch zum Verlassen seiner Einstände zu bewegen ist. Vor allem Sauen sind inzwischen sehr dickfellig geworden, und es bedarf schon eines massiven „Hausfriedensbruches", sie vor die Büchsen der draußen wartenden Jäger zu bekommen.

Wenn Rotwild mitbejagt wird oder es gar die eigentliche „Zielwildart" ist, dann müssen wir zu weniger rabiaten Methoden greifen. Es muss unser Anspruch sein und bleiben, tierschutzgerecht zu jagen.

Verwaiste Kälber als Ergebnis solcher Bewegungsjagden dürfen nicht achselzuckend als „normal" hingenommen werden. Vielmehr müsste es endlich gängige Praxis werden, dass die Erleger führender Alttiere nicht auch noch mit Brüchen an der Strecke geehrt werden.

Verwaiste Kälber bekommen wir mit Sicherheit dann, wenn die Rudelverbände durch die eingesetzten Hunde auseinander gejagt werden und auch der vorsichtigste Jäger nicht ansprechen kann, ob das anstürmende Alttier nicht mehr führt oder nur – durch die Hunde abgesprengt – sein Kalb kurzfristig verloren hat.

Aber es müssten sich auch die Jagdleiter solcher Bewegungsjagden mehr um die Qualität der Hunde kümmern und dies nicht dem angeforderten Stöberhund-Gruppenleiter überlassen.

Nicht jeder Hund, der vorne bellen und hinten wedeln kann, ist für Bewegungsjagden geeignet – diese fundamentale Erkenntnis ist leider noch nicht zu allen Verantwortlichen vorgedrungen.

Doch noch einmal zurück zu den Gegenpolen Einzeljagd und Bewegungsjagd: Ich für meinen Teil möchte auf den stimmungsvollen Ansitz und die Pirsch mit meinem Hund und all dem, was man dabei erleben kann, jedenfalls nicht verzichten. Aber ich freue mich ebenso über manche Einladung zu großen

Bewegungsjagden, wenn diese gut organisiert, die Freigabe durch den Jagdleiter klar und unmissverständlich ist und sich die teilnehmenden Jäger daran halten.

Zur Jagd gehört auch die Jagdkultur. Auch um deren Stellenwert ist es nicht gut bestellt.

Wer von den (meist) jüngeren Jagdschein-Crash-Kurs-Absolventen weiß heute noch, wer Raesfeld, Gagern, Frevert oder Cramer-Klett waren und was sie für die Jagdkultur in Deutschland getan haben?

Wenn heute gute Jagdbücher aus dem Bereich jagdlicher Belletristik in einer Auflage von 3000 Stück kaum noch alle Ihre Abnehmer finden – und das bei mehr als 350 000 Jägern in Deutschland – dann ist das mehr als traurig. Auch das war vor vierzig Jahren noch anders.

Die Jagd hat auch und aus meiner Sicht sogar sehr viel mit Traditionen zu tun. Wer seine Geschichte nicht mehr kennt oder sie gar verleugnet, der hat auch keine hoffungsvolle Zukunft.

Die Angriffe auf die traditionelle Jagd – auch und gerade in den Medien – sind so massiv, dass wir Jäger eigentlich gezwungen wären, unsere Reihen fest zusammen zu schließen und vorbildlich unser Handwerk auszuüben. Es gibt zur Jagd in unserem Lande keine Alternative.

Woran liegt es, dass die Akzeptanz der Jagd durch die Medien und die Bevölkerung – vor allem die städtische – in den letzten 30 Jahren so abgenommen hat? Wir müssen für unser Tun werben. Jeder Zeitungsredakteur, dem wir unsere Arbeit für die Natur nahe bringen können, ist ein positiver Multiplikator. Bemühen wir uns doch um diese Leute, es würde sich für uns und die Jagd lohnen.

Schauen Sie sich doch mal einen Fernsehkrimi an:
Die Leiche ist gefunden und die Fernseh-Kommissare und die Spurensicherung machen sich an ihre Arbeit. Dabei werden

auch die Personen im Umfeld des Ermordeten befragt. Bis hierher ist noch alles in Ordnung.

Beim Besuch der Kommissare bei einem der in Frage kommenden Verdächtigen in dessen Villa streift die Kamera ganz zufällig über eine mit Hirschgeweihen und Rehgehörnen, möglicherweise gar noch mit Büffeln, Elchen und Antilopen geschmückte Trophäenwand. Jetzt könnten Sie eigentlich abschalten, denn der Mörder ist gefunden! Steckt sich Hausherr gar noch eine Zigarre oder Zigarette an, dann können Sie ganz sicher sein, fast eine Stunde vor den Ermittlern den Mörder intuitiv überführt zu haben. Wer Tiere aus Lust tötet und dabei auch noch raucht, der erfüllt alle negativen Fernseh-Klischees und der wird auch skrupellos einen Menschen töten (können). So jedenfalls ist die Dramaturgie der Fernsehkrimis angelegt, was wieder einmal beweist, wie negativ alles, was mit Jagd zu tun hat, besetzt ist.

Mit den „Weltmeisterschaften im Hirschbrüllen" machen wir uns – ebenfalls als Negativbeispiel – erheblich lächerlich! Der Hirschruf ist eine hohe jagdliche Kunst und gehört zum Handwerk des hirschgerechten Jägers im positiven Sinne. Die Wiedergabe des jährlichen Hirschbrüll-Wettbewerbs in der Dortmunder Westfalenhalle durch Fernsehen &. Co. und die dazu meist abgegebenen kommentierenden Vergleiche zum menschlichen Sexualverhalten sind alles andere als eine positive Werbung für die Jagd.

Wer die Regulation der Schalenwildbestände in den deutschen Jagdrevieren wieder durch Bär, Wolf und Luchs durchgeführt sehen möchte, ist ein ideologisierter Phantast. Wir leben in einem übervölkerten und hoch technisierten Land und nicht in der Serengeti.

Erinnern Sie sich noch an die Diskussionen um den Bären „Bruno"? – Der Bär meidet den Menschen und weicht ihm aus, wenn er dies kann. In den bayerischen Alpen kann er dies aber nicht mehr. Weicht er einem Pilzsucher aus, läuft er hundert Meter weiter einer Wandergruppe sozusagen in die Arme. Es bleibt ihm nichts anders übrig, als sich an den Menschen zu gewöhnen.

Und ab jetzt wird es kritisch. Der Bär hat gelernt, dass der Mensch ungefährlich ist und er ihn nicht mehr unbedingt meiden muss – weil er es auch gar nicht mehr kann. Eine einzige kritische Situation, in der sich der Bär bedroht glaubt, kann zur Katastrophe führen.

Aber – haben Sie eine solche oder ähnliche, eigentlich logische und zwingende Argumentation damals gehört. Ich jedenfalls nicht! Stattdessen tummelten sich selbsternannte Bärenfachleute – auch Jäger! – vor den Kameras des Fernsehens mit Thesen und guten Ratschlägen, die hanebüchen waren.

Noch haben wir Jäger in weiten Teilen vor allem der ländlichen Bevölkerung eine gute und belastbare Reputation. Wir müssen alles daran setzen, dass dies mindestens so bleibt. Hier sind die jagdlichen Organisationen gefordert – aber auch jeder einzelne Jäger.

Das Wild ist ein Teil unseres Ökosystems und darf nicht ausschließlich unter Schadenaspekten gesehen und entsprechend behandelt werden.

Nicht alles, was wir früher als richtig befunden und danach gehandelt haben, war lupenrein und unbedingt richtig. Aber vieles war – ob aus objektiver oder subjektiver Sicht überlasse ich dem geneigten Leser – besser als heute. Mit dieser Einschätzung weiß ich mich in guter Gesellschaft. An manchen negativen Entwicklungen sind nicht wir Jäger schuld, das habe ich versucht, darzulegen. Aber da, wo wir Jäger – die im grünen und die im grauen Rock – mit Schuld tragen an der negativen Entwicklung, müssen wir uns bemühen, es im Interesse des uns anvertrauten Wildes und der Jagd künftig besser zu machen.

Wald und Wild, die beiden,
hat Gott zusammengegeben.
Nehmt dem Wald sein Wild,
und ihr nehmt ihm sein Leben.

OSKAR HORN

Rück- und Ausblick

Im Jahre 1956 löste ich meinen ersten Jagdschein, zwei Jahre später begann ich meine forstliche Ausbildung, die ich 1965 beenden konnte. Meine Dienstzeit als Förster endete im Jahre 2000, „im Armenrecht" jage ich heute noch bei guten Freunden. Auf beiden Gebieten hat sich in diesen Jahren enorm viel verändert. Zu meiner forstlich aktiven Zeit waren die Forstreviere noch überschaubar, man kannte nahezu jeden Baum und wusste um die Wuchsbedingungen des Kleinstandorts – und man trug diesen in allen forstlichen Planungen und Überlegungen auch Rechnung.

Über weite Strecken meiner Dienstzeit hatten wir im damaligen Forstamt Wittlich-Ost einen Forstamtsleiter, mit dem ich mich außerordentlich gut verstand und mit dem mich auch heute noch ein freundschaftliches Verhältnis verbindet. Es gab in diesem Vierteljahrhundert zwischen uns so gut wie keine Differenzen, nicht im forstlichen und auch nicht im jagdlichen Bereich. Wir konnten uns in allen Situationen blind aufeinander verlassen. Und wir waren auch durchaus mutig, was forstliche Planungen und Maßnahmen anging. Mitten im Rotwildkerngebiet pflanzten wir Winterlinden, Eschen, Traubeneichen und Bergahorne, legten als „Blitzableiter" Verbiss- und Schälflächen mit Öhrchen- und Saalweiden an und pflegten unsere Daueräsungsflächen durch jährliches Abmulchen und Düngung nach Bodenproben und den daraus resultierenden Empfehlungen der landwirtschaftlichen Beratungsstellen. Ich machte die Planung, das Forstamt besorgte die Mittel, und ich war dann wieder für die ordnungsgemäße Durchführung verantwortlich.

Dem Wald ging es gut und dem Wild auch. Wir hatten damals noch Zeit für Reviergänge – nicht Revierfahrten! – und besprachen dabei alles, was sich aus dem Zustand von Beständen und Bodenvegetation an forstlichen Überlegungen und etwaigen Planungen ergab. Und immer haben wir dabei die Tatsache mit

Muss man unbedingt einen Krieg gegen das Rotwild führen, wo solche Wald-bilder möglich sind?

berücksichtigt, dass wir Forstwirtschaft im Rotwildkerngebiet betrieben und dass das Rotwild als Standortfaktor in alle wald-baulichen Überlegungen mit einzubeziehen war.

Ein paar forstliche und forstlich-/jagdliche Erlebnisse sind mir in bildhafter Erinnerung geblieben. Einige davon möchte ich vor dem „Vergessen-Werden" bewahren.

Um einen bestimmten Mischbestand aus Buche, Eiche, Fich-te und Lärche plus einige Nebenbaumarten hatte ich mehre-re Jahre einen großen Bogen gemacht. Dieser Bestand war qualitativ miserabel – am liebsten hätte ich ihn komplett ab-getrieben. Irgendwann einmal machte ich mich doch ans Aus-zeichnen, und als ich fertig war, erfasste mich die Angst vor der eigenen Courage. Ich bat unseren Chef Bornmüller, sich mit mir doch einmal mein „Werk" anzusehen. Er kam, und wir lie-fen – zunächst schweigend – kreuz und quer in dieser Abteilung herum. Schließlich blieb Bornmüller stehen und sagte: „Ich bin

Ihnen außerordentlich dankbar, dass Sie wenigstens ab und zu einen Baum stehen lassen wollen ..."

Die Hiebsmaßnahme lief so ab, wie ich es durch meine Auszeichnung vorgegeben hatte – und als einige Jahre später dieser Bestand sich von meiner Radikalkur erholt und der befürchtete Windwurf nicht stattgefunden hatte, war er kaum noch wiederzuerkennen. Er hatte einen qualitativen Klassensprung gemacht. Auch im forstlichen Bereich zahlt sich Mut gelegentlich aus.

Neben der „Großen Saalswiese", dem jagdlichen Herzen meines Reviers, lag ein knapp ein Hektar großer Eschenbestand. Obwohl die Eschen im „schälfähigen" Alter waren und dieser Revierteil eben doch recht oft jagdlich frequentiert wurde, gab es nicht eine einzige Schälwunde im gesamten Bestand. Irgendwann einmal hatte unser Forstdirektor Bornmüller dies einem Kollegen aus der hohen Eifel erzählt, dem der Ruf vorauseilte, alles andere als ein Freund des Rotwildes zu sein. Der Hoch-Eifler schnappte sich nach diesem Gespräch seine sämtlichen

Ein wertvoller Eichenbestand im Kondelwald

Revierleiter, packte sie in Autos, und alle wollten sich von uns diese – aus seiner beziehungsweise ihrer Sicht – völlig unwahrscheinliche, ja unmögliche Schadenfreiheit der Eschen zeigen lassen.

Forstdirektor P. ließ nun seine Mannen militärisch ausgerichtet in breiter Front durch die Eschen marschieren mit dem Auftrag, sofort laut zu rufen, wenn jemand einen Schälschaden entdecken sollte. Es wurde keiner gefunden und daher auch nicht gerufen! Kopfschüttelnd und ratlos traten unsere Hocheifel-Kollegen die Heimreise an. Chef Bornmüller und ich hatten unseren Spaß!

Etliche Jahre zuvor. Der Prozess der Arenbergschen Forstverwaltung gegen das Land Rheinland-Pfalz war in vollem Gange. In diesem Gerichtsverfahren ging es darum, dass Arenberg nicht bereit war, die durch die Duldungspflicht des Rotwildes in den ausgewiesenen Bewirtschaftungsgebieten entstandenen Schälschäden hinzunehmen. Man beklagte einen enteignungsgleichen Eingriff in die eigenen Vermögensverhältnisse und verlangte eine Entschädigung dafür in Millionenhöhe.

Mein Vorgänger hatte entlang einer Douglasienfläche einen schmalen Streifen „Abies grandis" gepflanzt, eine amerikanische Tannenart, die als Schmuckreisig- und Christbaumlieferant sehr begehrt ist. Zum damaligen Zeitpunkt waren die Tannen etwa zehn Meter hoch und bereits auf etwa fünf Meter aufgeastet. Mir waren und sind solche Floraverfälschungen im Wald unsympathisch und suspekt. Der Prozessführer der Arenbergschen Verwaltung, ein Forstdirektor aus der nahen Kreisstadt Wittlich, wollte sich nun ausgerechnet diese Tannen mal ansehen. „Ausgerechnet" deshalb, weil diese doch ziemlich vom Rotwild geschält und auch gefegt beziehungsweise geschlagen waren. Ich hatte den üblen Verdacht, dass es diesem Kollegen gar nicht um die paar „popeligen" Tannen ging, sondern dass er Rotwildschäden sehen wollte! Und natürlich wusste er, dass das Rotwild ausgesprochen „ausländerfeindlich" ist und fremde, nicht autochthone Baumarten gnadenlos vernichtet oder dies zumindest versucht. Dann hätte er bei der nächsten Ver-

Was soll das Wild in einer solch stockfinsteren Douglasiendickung über Tag denn äsen?

handlung dem Gericht sagen können, dass beim „Staat" hemmungslose Hirschzucht betrieben und Millionen an Steuergeldern dem Rotwild geopfert würden und dass er mit „seinem" Wald eben dazu nicht bereit sei.

Das mehr schlips- als handtuchförmige Gatter hatte ich schon seit ein paar Jahren nicht mehr reparieren lassen, der Aufwand lohnte wegen der paar „Ami"-Tannen nicht.

Unser Forstamtsleiter informierte mich am Vormittag über diese am Nachmittag des gleichen Tages geplante Exkursion.

Ich trommelte sofort meine Waldarbeiter zusammen und wir „durchforsteten" diesen Tannenbestand, indem wir alle wildgeschädigten Bäume heraushauten (und das waren eigentlich alle noch nicht stark verborkten Bäume), zerkleinerten und weit weg und nicht mehr sichtbar vom Tatort in die umliegenden Bestände entsorgten. Die frischen und weiß leuchtenden

**Der Autor mit seiner Frau –
im Forsthaus Bonsbeuern verlebten wir wunderschöne Jahre**

Stubben überdeckten wir dann mit Erde und Rohhumus. Damit waren alle Spuren unserer vormittäglichen Arbeit – so gut es ging – beseitigt.

Die Bereisung fand statt und niemand (außer Chef Bornmüller, der mich nur viel sagend angrinste) hat etwas gemerkt! Ich war am Ende doch sehr erleichtert ...

So etwas ging bei etwa tausend Hektar Revierfläche noch. Heute, wo der normale Revierleiter das Doppelte dieser damaligen Standardgrößen zu betreuen hat, ist das kaum noch möglich.

Meine Förstergeneration sprach noch von „meinem" Revier als Ausdruck der absolut ungeteilten Verantwortung für alle forstlichen (und in den staatlichen Regiejagden auch jagdlichen) Maßnahmen auf dieser Fläche. Diese ungeteilte Verantwortung bewirkte auch eine völlige Identifikation mit diesem Revier, so dass ein „8-Stunden-Tag" oder eine „5-Tage-Woche" und womöglich das Pochen darauf für meine Generation nie Themen waren.

Die heutigen Reviergrößen und die Funktionalisierung der Arbeiten in der forstlichen Revierleitung haben den Kollegen neben der Identifikation mit „ihrem Revier" vielfach auch die berufliche Motivation genommen.

Angeblich hatte die Forststrukturreform in Rheinland-Pfalz überwiegend oder gar ausschließlich finanzielle Gründe. Die Arbeit am und im Wald müsse effektiver werden, sie kostete angeblich in der Vergangenheit zu viel!

Ein kluger Mann – ein Forstdirektor a.D. – hat einmal ausgerechnet, dass die gesamte finanzielle Einsparung durch die Forstreform im Staatswald des Landes Rheinland-Pfalz etwa so groß war wie es die Schließung eines einzigen mittleren Gymnasiums im ganzen Land gewesen wäre!

Die Kommunen stöhnten (angeblich) unter der Last der Beförsterungskosten bei den alten Reviergrößen. Während man die

Förster einsparte, wurde mancherorts still und heimlich das Personal der Verbandsgemeinden und der Kreisverwaltungen erhöht, das dann auch wieder die Gemeinden über die Umlagen bezahlen müssen. Aber diese Erhöhung der Umlage hat kein Gesicht mehr, der eingesparte Förster aber hatte eins. Und er wurde oft genug für etwaige rote Zahlen im Forstetat verantwortlich gemacht, obwohl er doch am wenigsten für den aktuellen Zustand des jeweiligen Waldes in Bezug auf seine Holzartenverteilung, seine Altersstruktur und seinen Pflegezustand schuldig gesprochen werden konnte.

Der Wald leidet still, ebenso wie das Wild, das von ganz schlauen Kollegen für ihre Defizite aus der Waldwirtschaft verantwortlich gemacht wird. Man kann nicht einerseits hohe Jagdpachteinnahmen erwarten und auf der Haben-Seite des Forstetats gerne verbuchen und andererseits bei jeder Gelegenheit hohe, ja überhöhte Abschusszahlen bei Waldbesitzern und Jagdbeiräten fordern und durchsetzen. So etwas geht nur eine kurze Zeit gut. So dämlich sind die Jäger – jedenfalls die meisten – nicht, als dass sie große Summen für die Jagd in Revieren ausgeben, in denen jede Begegnung mit Wild schon zu den seltenen, positiven Zufällen gehört.

Wer nichts für das Wild und dessen Wohlbefinden tut, der hat auch kein Recht, Schäden zu beklagen, die durch dieses Nichtstun entstanden sind. Wild, das sich im wahrsten Sinne des Wortes wohl fühlt, wird die geringsten Schäden am Wald verursachen, das ist beweisbarer Fakt.

Das Wild muss die Chance haben, mit etwas anderem satt zu werden als mit Baumrinde und Terminaltrieben. Dazu muss es die Möglichkeit haben, tagaktiv zu sein und sich seinen Lebensunterhalt auch tagsüber außerhalb der dichten und weitgehend äsungsarmen oder gar äsungsfreien Dickungen zu suchen. Die Sensibilität sehr vieler Jäger ist in diesem Punkt noch sehr entwicklungsfähig. Wenn schon das Motorengeräusch eines normalen Pkws, erst recht eines Geländewagens alles Wild zu panischer Flucht veranlasst, darf sich niemand über Schälschäden in den Einstandsdickungen wundern.

Es gibt auch heute noch Reviere, in denen man Rotwild vormittags um 11 Uhr auf einer Freifläche in der Himbeere oder Brombeere äsen sehen kann. Ich konnte noch zu meiner Dienstzeit Rotwild auf dreißig Meter vom Auto aus fotografieren oder filmen, ohne dass die Stücke überhaupt beunruhigt waren. Ich habe aber penibel darauf geachtet, dass das Wild nie einen Zusammenhang herstellen konnte zwischen Auto und Gefahr.

Wenn ich vom Auto aus zum Beispiel ein Rudel Rotwild sah, aus dem ich ein oder zwei Stücke erlegen wollte, dann fuhr ich weiter und stellte das Auto hinter der nächsten oder übernächsten Kurve ab. Dann wartete ich erst einmal einige Minuten und pirschte dann sehr vorsichtig zurück und erlegte ein Kalb oder ein anderes Stück. Das hat nicht immer geklappt, aber doch sehr oft. Und das Wild konnte nie einen Zusammenhang herstellen zwischen Auto und Schuss.

Gerade Rotwild ist sehr lernfähig. Als ich das Jagen vom Auto aus in meinen letzten Dienstjahren in meinem Revier nicht mehr verhindern konnte, war es ungeheuer schnell mit der Vertrautheit vorbei. Und es ist bis heute leider so geblieben. Selbst an einer durch den Kondelwald führenden und daher häufig befahrenen Kreisstraße reagiert alles Wild bereits panisch auf das Abbremsen des Autos. Bevor das Auto steht, sieht man nur noch die Spiegel.

In nahezu allen irgendwie das Wild betreffenden Beiträgen in forstlichen Zeitschriften wird das Wort „Schalenwildbestände" grundsätzlich mit dem Adjektiv „überhöht" versehen. Schalenwildbestände sind also stets „überhöht", wenn man den Autoren glauben darf. Und weil steter Tropfen immer den Stein höhlt – besonders dann, wenn dieser Tropfen von vermeintlichen Fachleuten abgesondert wurde – gibt es auch in der allgemeinen Presse und im Fernsehen kaum noch Beiträge, die sich objektiv mit den Lebensbedürfnissen unserer großen Schalenwildarten in deutschen Wäldern auseinandersetzen. Luchse und Wildkatzen, ja für diese baut man millionenschwere Wildbrücken und spezielle Katzenzäune entlang der Autobahnen. Für das Rotwild und seine Lebensumstände in deutschen Wäldern inter-

Solche Hirsche waren vor 20 Jahren im Kondelwald keine Seltenheit

essiert sich kaum jemand, auch nicht in den Führungsetagen der großen Naturschutzverbände. Und die Jägerschaft kämpft auf verlorenem Posten und nicht immer mit den richtigen Argumenten.

In der Vulkaneifel wurde vor ein paar Jahren eine Mountainbike-Strecke mitten durch die Rotwild-Einstandsgebiete geplant. Die örtliche Jägerei protestierte heftig, und es kam zu einer öffentlichen Anhörung mit allen Beteiligten. Ein paar Jäger argumentierten lautstark, ihre Jagdmöglichkeiten würden durch die Mountainbiker empfindlich gestört, der geplante Streckenverlauf müsse aus diesem Grund verlegt werden. Natürlich war das Wasser auf die Mühlen derer, die den Jägern vorwarfen, ausschließlich die Wahrung ihrer eigenen jagdlichen Interessen zu betreiben. Dass das Ruhe- und Sicherheitsbedürfnis des Rotwildes durch diese touristischen Aktivitäten massiv beeinträchtigt würde – dieses Argument kam nur sehr zaghaft unter „ferner liefen" und wurde kaum zur Kenntnis genommen.

Ich kenne ein Revier im westlichen Hunsrück, das mit sehr viel Liebe und Sachverstand forstlich wie jagdlich gepflegt wird und in dem der Rotwildbestand gewiss deutlich über der von der Landesregierung verordneten Dichte von zwei Stücken je 100 Hektar als Frühjahrsbestand liegt. Eine kürzlich erfolgte Forsteinrichtung bescheinigte dem Besitzer, dass so gut wie keine frischen Schälschäden festgestellt werden konnten. Und warum ist das dort so? Das Wild ist sehr tagaktiv, und es hat viele Möglichkeiten, sich auf Daueräsungsflächen, an Proßhölzern und den Früchten zahlreicher (gepflanzter) Wildobstbäume satt zu machen. Der Kahlwildabschuss wird bei einer einzigen großen Jagd mit einer kompetenten Mannschaft erfüllt, ansonsten wird nur auf den Brunfthirsch in Form der Einzeljagd gejagt.

Das bestätigt meine These, dass mehr als die Hälfte der vielerorts beklagten Schälschäden durch falsche Jagdstrategien verursacht sind und nicht automatisch den Schluss erlauben, der Wildbestand sei überhöht. Wer alle drei Wochen eine große Bewegungsjagd veranstaltet und dazwischen noch heftig ansitzt und pirscht, der darf sich über Schälschäden nicht beklagen. Er hat sie selbst mit verursacht.

Leider gibt es auch Eigenjagdbesitzer und Jagdpächter, die in ihren Revieren eine absolut unverantwortliche „Hirschzucht" betreiben ohne jede Rücksicht auf den Wald. Das ist dann das andere Extrem zu der in den meisten Staatsrevieren – zumindest in Rheinland-Pfalz – üblichen Philosophie. Das geht natürlich auch nicht und schlägt jeder „Pro-Rotwild-Argumentation" alle Waffen aus den Händen.

Eigentlich wollte ich diese meine Lebenserinnerungen mit ein paar tröstlichen, für die Zukunft des Waldes wie des Wildes hoffnungsvollen Sätzen abschließen. Es gelingt mir einfach nicht. Die traditionellen, in Jahrhunderten gewachsenen Strukturen vieler Landesforstverwaltungen sind zerschlagen. Für die meisten meiner jüngeren Kollegen ist das Wild bei forstlichen Planungen kein Standortfaktor mehr, sondern nur noch ein Schadenfaktor und wird entsprechend behandelt.

Die Jäger brauchen kein jagdliches Lehrjahr bei einem qualifizierten Lehrherrn mehr zu absolvieren, ihnen wird das für die Jägerprüfung notwendige Wissen in dreiwöchigen Crash-Kursen in kommerziellen Jagdschulen vermittelt. Ob dieses „Wissen" auch für einen verantwortungsvollen Umgang mit unserem heimischen Wild reicht? – Ich habe da erhebliche Zweifel.

Ich bin meinem Schicksal dankbar, dass ich vor der Forststrukturreform meine Dienstzeit als Förster beenden konnte. Vielleicht wird man ja mal irgendwann feststellen, dass die Funktionalisierung und der Wegfall der ungeteilten Flächen-Verantwortung auf der Revierebene kein Fortschritt im eigentlichen Wortsinn und erst recht keine Verbesserung der Situation des Waldes wurden und sind. Ob die Politik zu einer solchen Einsicht fähig ist? – Auch da habe ich meine Zweifel.

Unsere großen Pflanzen fressenden Schalenwildarten sind Teil der Lebensgemeinschaft Wald. Wer sie nur unter Schadensaspekten sieht, wird der ganzheitlichen Betrachtungsweise ebensowenig gerecht wie der Jäger, der den Wald nur als Kulisse für seine Hirsche und Rehböcke sieht. Dem Rotwild muss hierzulande dasselbe Lebensrecht eingeräumt werden wie den Elefanten in Afrika oder den Tigern in Indien. Einzelne Exoten haben eine weltweite Lobby, unser Rotwild hat sie nicht.

Es muss uns gelingen, standortgerechte Forstwirtschaft mit schadensarmen – weil weitgehend angepassten – Wildbeständen zu kombinieren und beide Interessensgebiete zu vereinen, schließlich haben Forst und Jagd ja die gleichen Wurzeln. Gelingt uns das nicht, dann werden sowohl der Wald als auch das

Wild die negativen, wenn nicht gar dramatischen Folgen auszubaden haben.

Wenn dieses Buch erscheint, werde ich das siebte Lebensjahrzehnt vollendet haben. Die Kräfte schwinden, es wird für mich Zeit, das Buch meiner Lebenserinnerungen abzuschließen. Siebzig Jahre seien heute kein Alter – so sagen die jetzt Vierzigjährigen. Aber die müssen erst einmal dorthin kommen, wo ich heute schon bin. Vielleicht hat das Schicksal mit mir ein Einsehen, und ich falle irgendwann bei der Jagd und im Wald einfach um. Um Gottes Willen nur kein Tod in einer sterilen Klinik, an hundert Schläuchen und womöglich noch auf einer Intensivstation ...

Ich hätte allerdings nichts dagegen, wenn dieser Fall erst in etlichen Jahren eintreten würde ...

Zum Autor

BERND KREWER, Forstoberamtsrat i. R., geboren am 01. Juni 1939 in Bitburg, verheiratet, ein Sohn, zwei Töchter und drei Enkelkinder. Wohnhaft seit 1996 in Kinderbeuern in der Südeifel.

Nach jeweils kürzeren beruflichen Einsätzen bei der Deutschen Forschungsgemeinschaft und als Büroleiter Übernahme der Revierleitung des Forstreviers Hausen (Forstamt Rhaunen) im Lützelsoon im Jahre 1968. Von 1973 bis zur Pensionierung im Jahre 2000 Revierleiter des Forstreviers Alf im Kondelwald (Südeifel).

Der Kondelwald ist ein Laubholzgebiet mit hohem Anteil an Eichenwertholzbeständen und Douglasien.

Der Kondelwald ist Kern des Rotwildbewirtschaftungsgebietes „Cochem-Kondel" und ausgewiesenes Muffelwildbewirtschaftungsgebiet.

Nebenamtlich:

Führer Hannoverscher Schweißhunde seit 1958, Züchter seit 1969 (Zwinger „vom Lützelsoon"), anerkannter Schweißhundführer.

Langjähriger Geschäftsführer des Rotwildringes „Cochem-Kondel" und Mitglied der Trophäenbewertungskommission.

Nebenberuflich:

Von 1986 bis 1994 Pressesprecher des Jagdgebrauchshundverbandes e.V., seit 1994 für den kynologischen Teil der Jagdzeitschrift „Die Pirsch" verantwortlich.

Gründungsmitglied „Verein Jagd-Beagle e.V.", heute dessen Ehrenmitglied. Ebenso Ehrenmitglied „Deutscher Bracken-Club e.V."

Verbandsschweißrichter, Richter im Verein Hirschmann, Formwertrichter für Meutehunde der Schleppjagd-Vereinigung im Deutschen Reiter- und Fahrerverband – Fachgruppe Jagdreiten.

Buchveröffentlichungen:

Mit Büchse und Schweißriemen
Die Nachsuche auf Schalenwild
Jagdhunde in Deutschland
Über Hirsche Hunde und Nachsuchen
Schalenwild richtig bejagen
Hirschruf und Hundegeläut
Jagdreisen Britisch Kolumbien
Rund um die Nachsuche
Jung oder alt?
Jagen mit Hunden
Der Hannoversche Schweißhund
Zahlreiche Fachbeiträge in Jagdzeitschriften

BERND KREWER / HANS REINERT

Der Hannoversche
Schweißhund

NEUMANN-NEUDAMM

BERND KREWER

Der Hannoversche
Schweißhund
Ein Rasseportrait

EDITION WALTER SCHWARTZ

Format: 14,8 x 21 cm
224 Seiten
zahlr. Abbildungen, Tabellen,
Zeichnungen
Hardcover

Der Hannoversche Schweißhund gehört zu den ältesten Jagdhundrassen Deutschlands. Seine Geschichte beginnt bei der Keltenbracke – dem Ur-Jagdhund schlechthin – und führt weiter über den legendären Leithund, der nahezu tausend Jahre der Jagdhund des hirschgerechten Jägers war, zum Hannoverschen Schweißhund der Neuzeit.

Seit 1894 wird diese Rasse in Deutschland auf der Grundlage eines Zuchtbuches gezüchtet. Der Hannoversche Schweißhund ist nach wie vor unverzichtbarer Helfer beim Bemühen der Jägerei, waidgerecht und damit tierschutzgerecht zu jagen. Er verkörpert gleichwohl – aufgrund seiner Geschichte – lebendige Jagdkultur.

In diesem Buch werden die Entwicklung dieser Rasse, ihr heutiges Erscheinungsbild und ihr Einsatz dargestellt, wobei auf die züchterischen Aspekte besonders eingegangen wird. Aber auch die aktuellen Ausbildungs- und Führungsmethoden werden ausführlich behandelt.

Große Namen der deutschen Jagdgeschichte und der deutschen Jagdkynologie, die mit dem Hannoverschen Schweißhund verbunden sind, findet der Leser in diesem Buch wieder.

Viele Abbildungen – historische und aktuelle – bereichern die Texte und lassen den Leser die Entwicklung dieser Rasse vom Leithund des Mittelalters bis zum Hannoverschen Schweißhund der Neuzeit nachvollziehen.

SCHWARTZ-JAGD

Zu beziehen über:

Schwartz-Jagd
Kesselberg 25, 34212 Melsungen
Tel.: 0 56 61 - 92 78 42 / Fax: 0 56 61 - 92 78 43
Mobil: 0172 - 5 62 38 98
schwartz-jagd@web.de – www.schwartzjagd.de

WILHELM PUCHMÜLLER

Leben und Jagen im Saupark Springe

Geschichte und Geschichten aus einem hannoverschen Jagdrevier

EDITION WALTER SCHWARTZ

Format: 19,7 x 24,5 cm
556 Seiten
über 350 Abbildungen
Hardcover

WILHELM PUCHMÜLLER

Hirschmann-Chronik

Band I   1894–1980
Band II   1981–1994

EDITION WALTER SCHWARTZ

Format: 23 x 31 cm
Bd. I 622 / Bd. II 800 Seiten
zahlreiche S/w-Abbildungen
und Tabellen
Hardcover